苹果抗炭疽菌叶枯病基因的
分子标记及遗传定位

◎ 刘源霞 著

中国农业科学技术出版社

图书在版编目（CIP）数据

苹果抗炭疽菌叶枯病基因的分子标记及遗传定位／刘源霞著.—北京：中国农业科学技术出版社，2019.6

ISBN 978-7-5116-4215-8

Ⅰ.①苹… Ⅱ.①刘… Ⅲ.①苹果–炭疽病–叶枯病–分子标记②苹果–炭疽病–叶枯病–基因定位 Ⅳ.①S436.611.1

中国版本图书馆 CIP 数据核字（2019）第 100134 号

责任编辑	白姗姗
责任校对	马广洋

出 版 者	中国农业科学技术出版社
	北京市中关村南大街 12 号　邮编：100081
电　　话	（010）82106638（编辑室）　（010）82109702（发行部）
	（010）82109709（读者服务部）
传　　真	（010）82106650
网　　址	http：//www.castp.cn
经 销 者	各地新华书店
印 刷 者	北京建宏印刷有限公司
开　　本	710mm×1 000mm　1/16
印　　张	8.75　彩插　12 面
字　　数	130 千字
版　　次	2019 年 6 月第 1 版　2019 年 6 月第 1 次印刷
定　　价	68.00 元

前　言

苹果炭疽菌叶枯病（*Glomerella* Leaf Spot，GLS）是中国苹果产区新出现的一种为害严重的流行性病害，主要为害苹果叶片，造成病叶早期干枯、脱落，也侵染果实引起坏死性斑点。该病不仅导致当季果实产量和品质的下降，而且大大削弱了翌年的树势，严重的威胁着苹果产业的发展。目前，对苹果炭疽菌叶枯病的防治仍以化学防治为主，但成效甚微。培育和种植抗病性强的优良品种是控制该病最为经济、安全、有效的措施。

随着分子生物学的快速发展，分子标记辅助选择技术逐渐成为植物抗病育种的有效手段。本书作者首先利用人工离体接种鉴定的方法，评价了苹果对炭疽菌叶枯病的抗性遗传规律，之后筛选出与苹果炭疽菌叶枯病抗性基因位点（R_{gls}）紧密连锁的 SSR 分子标记，然后通过全基因组重测序技术开发了与苹果抗炭疽菌叶枯病相关的 SNP 及 Indel 标记，结合 SSR 标记定位的结果，进行了 SNP 及 Indel 标记的验证，完成了对 R_{gls} 基因位点的精细定位，最后利用筛选出的四个与 R_{gls} 基因位点紧密连锁的分子标记在苹果栽培品种及品系中验证了标记的可靠性。

一是抗性遗传规律评价。利用 2 个对苹果炭疽菌叶枯病高抗品种（系）'富士''QF-2'和两个高感品种'金冠''嘎拉'为亲本配制了 4 个杂交群体（'富士'בQF-2'；'金冠'ב富士'；'嘎拉'ב富士'；'富士'בQF-2'）。以杂交群体 F_1 植株为试验材料，对苹果炭疽菌叶枯病的抗性进行了鉴定评价和遗传分析。结果表明，4 个杂交群体中抗、感植株的分离比分别符合 1：1、1：1、0：1 和 1：0 的理论比值，初步推测苹果抗炭疽菌叶枯病性状受隐性单基因控制，抗病基因型为 rr，感病基因型为 RR 和 Rr。

二是 SSR 标记的开发及抗性基因位点 R_{gls} 的遗传定位。利用 207 株'金冠'×'富士'的杂交后代为试材，采用分离群体分组分析（BSA）方法，构建 SSR 标记与抗性基因位点 R_{gls} 连锁图谱。通过对 300 对均匀覆盖苹果染色体组的已发表的 SSR 引物在亲本及抗感池中进行初步筛选，将产生多态性条带的引物进行群体验证，获得了两个与抗病性状相关的分子标记 CH01d08 和 CH05g05，这两个标记位于抗性基因位点 R_{gls} 两侧，将其定位于 15 条染色体上。重组率分别为 7.3% 和 23.2%。依据苹果基因组 CH01d08 和 CH05g05 标记之间的序列，自行设计了 276 对 SSR 引物。最终筛选出 9 对与 R_{gls} 基因位点连锁的分子标记。这 11 个标记的遗传距离从 0.5 cM 到 33.8 cM，覆盖了 49.2 cM 的遗传距离，最近的标记为 S0405127 遗传距离为 0.5 cM。R_{gls} 基因位点两侧最近的两个标记 S0304673 和 S0405127 之间的物理距离为 500 kb。

三是 SNP 标记和 Indel 标记的开发、验证 R_{gls} 基因位点的精细定位。基于全基因组重测序技术共开发 SNP 位点 3 399 950 个，InDel 位点 573 040 个。通过对 △（SNP-index）的筛选，在全基因组范围内共得到 33 个候选的 SNP 位点及所对应的 29 个候选基因。通过与 SSR 标记定位结果相结合最终锁定 18 个 SNP 位点、30 个 InDel 位点，以及 5 个候选基因。通过高分辨熔解曲线（HRM）分析技术对 SNP 及 InDel 标记进行验证。获得了 6 个 SNP 及 5 个 InDel 标记与 R_{gls} 基因位点紧密连锁。通过对这 11 个标记重组个体的分析，将 R_{gls} 基因所在位点的范围缩小为 58 kb。

四是 5 个抗病候选基因的鉴定。通过对 5 个候选基因 *MDP0000686092*、*MDP0000205432*、*MDP0000120033*、*MDP0000864010*、*MDP0000945764* 的生物信息学分析，并利用实时荧光定量 PCR 对经过炭疽叶枯病病原菌侵染后 0 h、12 h、24 h、36 h、48 h、60 h、72 h 的 7 个时间段内，叶片中 5 个候选基因表达量变化进行分析。结果表明，5 个候选基因均不同程度的响应炭疽叶枯病病菌的诱导，是苹果炭疽叶枯病的抗病相关基因。

　　五是分子标记可靠性验证。利用 4 个紧密连锁的分子标记 S0405127、S0304673、SNP4236 和 InDel4254 对 50 个田间栽培品种和青岛农业大学选育出的优系进行了抗炭疽菌叶枯病的基因型鉴定，并结合其抗病的表型鉴定对 4 个标记的准确性进行了分析。结果表明 4 个标记的准确率分别为 90.0%、94.0%、98.0% 和 96.0%，可以有效的应用于分子标记辅助育种。通过苗期对炭疽菌叶枯病抗性的选择，可以显著的减少成本，缩短抗病育种周期，加快抗病育种进程。

著　者

2019 年 4 月

目　　录

第一章　文献综述

苹果（*Malus pumila* Mill.）是世界上栽培最为普遍的落叶果树之一，有着很强的生态适应性，地域分布极为广泛。中国不仅是苹果属植物的发源地之一，拥有悠久栽培历史和极为丰富的苹果种质资源，也是世界上最大的苹果生产国和消费国，在世界苹果产业中占有重要的地位。近年来，我国苹果栽培面积快速增长，苹果产量和质量得到了稳步提高。据统计数据显示，2015年我国苹果栽培面积和产量分别达到232万hm^2和4 300万t，居世界首位。苹果在调整农业产业结构、增加农民收入、促进地方经济快速发展等方面发挥着越来越重要的作用。

病害是制约着苹果产业发展的重要影响因素。其中苹果炭疽病是苹果生产中普遍发生的一种重要病害，包括发生在果实上的苦腐病（Bitter rot of apple）和主要发生在叶片上的炭疽菌叶枯病（*Glomerella leaf spot*，GLS）。苦腐病又被称作晚腐病，是苹果果实的三大病害之一，多在果实成熟期或半成熟期发病，主要是引起大量落果、果实腐烂，降低了果实的产量和商品价值。而苹果炭疽菌叶枯病是一种流行性很强的病害，由于该病潜育期短、发病快，在外界环境条件适宜的情况下从侵染到发病落叶仅需要3 d或者更短的时间，造成树叶大量干枯、脱落，严重时形成二次开花，也侵染果实引起坏死性斑点，不仅导致当季果实产量和品质的下降，而且大大削弱了翌年的树势，严重地威胁着苹果产业的发展。特别是广泛种植于我国各大苹果产区的重要栽培品种'金冠''嘎拉'品种极易感病，尤其是'金冠'在世界苹果生产国中（中国除外）品种比例最高，这也是选择'金冠'作为苹果基因组测序材料的重要原因。它不仅是生产上的优良品种，同时也是苹果育种的核心亲本（陈学森，2015），所以炭疽菌叶枯病的侵染不仅仅是对'金冠''嘎拉'等品种的侵害，而可能是对'金冠'系、'嘎拉'系苹果的为害。

化学药物防治是目前采用的主要防治方法，但成效甚微。所以急需培育出抗病品种从根本上解决该问题，同时也减少了果园化学试剂的使用，降低农药残留，保证果品的安全。但育种实践表明，要实现育种目标，在亲本选择与选配恰当的前提条件下，必须保证每个杂交组合有足够数量的后代群体，至少3 000株（陈学森，2010），加上果树具有童期长（6~12年），基因组高度杂合，杂种后代广泛分离，自交不亲和，许多重要的经济性状是多基因控制的数量性状等特点，使得常规育种工作难度大、周期长。因此利用杂交后代早期选择技术，及早地剔除非目标基因的单株，减少杂种后代的数目，提高筛选效率，减少盲目性是提高育种效率的最实用有效的方法。

随着分子生物学技术的快速发展，特别是以DNA多态性为基础的分子标记技术在苹果育种中的应用，大大提高了目标性状早期选择的效率，缩短了育种周期，加快了新品种选育的速率。同时，通过构建高密度分子标记遗传图谱对重要农艺性状基因进行标记定位，找到与目的基因紧密连锁的分子标记，不断缩小候选区域进而克隆该基因，并验证其功能，阐明其作用机制，通过基因工程实现对果树性状的改良。

因此，揭示苹果炭疽菌叶枯病的抗性遗传规律，发掘与抗性基因紧密连锁的分子标记，构建精细的抗病遗传图谱对于定位抗病基因，研究基因功能，探索、掌握抗病机制，培育抗病品种有着重要的意义。

第一节　苹果炭疽菌叶枯病的发生与为害

苹果炭疽菌叶枯病（*Glomerella* Leaf Spot，GLS）是近几年在中国大部分苹果主产区新出现的一种流行性很强的真菌病害。主要为害苹果叶片，造成病叶早期的干枯、脱落，也侵染果实引起坏死性斑点，导致苹果失去商品价值（刘源霞等，2015）。该病于1988年首次报道于巴西，导致感病的'嘎拉'苹果70%以上的叶片脱落，经鉴定其病原为围小丛壳 *Glomerella cingulate*（Leite et al.，1988；Camilo & Denardi，2002；González et al.，1999，2003），为盘长孢状刺盘孢 *Colletotrichum gloeosporioides* 的有性态，定名为围小丛壳叶斑病（*Glomerella leaf spot*，GLS），在中国被称为炭疽菌叶枯病。

1997—1999年在巴西6个苹果产区均发现了炭疽菌叶枯病，由于'嘎拉'品种是巴西的主栽品种，所以该病严重威胁着巴西苹果产业，成为巴西苹果的主要病害（Katsurayama et al.，2000；Crusius et al.，2002；Velho et al.，2014）。1998年在美国田纳西州的两个'嘎拉'果园中暴发了苹果炭疽菌叶枯病，引起大量落叶，这也是美国首次报道苹果炭疽菌叶枯病的发生，随后在佐治亚州和北卡罗来纳州也发现了这种病害（González，1999，2003）。我国最早于2008年发现了炭疽菌叶枯病（王素芳，2009），2010年相继报道了在黄河故道苹果主产区发现了炭疽叶枯病，该病引起'嘎拉''金冠'等苹果的大量落叶。尤为严重的是在2011年，据报道江苏丰县、安徽砀山、淮北等地栽培的'嘎拉''金冠'等苹果品种大面积发生叶斑病，导致叶片干枯脱落，严重的造成果树二次开花（宋清等，2012）（附图1-1）。经鉴定该病为苹果炭疽菌叶枯病，病原为围小丛壳 *G. cingulata*（宋清等，2012；Wang et al.，2012）。González 等（2006）通过利用mtDNA-RFLP对病原菌的甘油酸脱氢酶核苷酸序列进行分析，认为引起 GLS 的病原分别属于尖孢炭疽菌 *C. acutatum* 和围小丛壳 *G. cingulata*。这两种菌分别归属于尖胞刺盘孢复合群和盘长孢状刺盘孢复合群（王撇等，2015）。王薇等（2015）的研究明确了在我国引起该病害的病原为果生刺盘孢（*Colletotrichum fructicola*）和隐秘刺盘孢（*C. aenigma*），均归属于盘长孢状刺盘孢复合群。中国是否存在尖孢刺盘孢复合群的病原，还没有明确的结论。

一、苹果炭疽菌叶枯病的为害症状

由苹果叶枯炭疽菌引起的苹果炭疽菌叶枯病症状为（附图1-2）：

在幼叶上发病时，初期表现为红至黄褐色或红褐色小点，针尖大小，边缘不规则，病健交界不清晰。在老叶上发病时，初期表现为黑色坏死性病斑，病斑边缘模糊。在7—8月高温高湿或连续阴雨的条件下，病斑迅速扩展，2~3 d便可使整个叶片失水、焦枯、变黑、坏死，很快脱落。感病叶片在环境条件不适宜时，病斑停止扩展，在叶片上形成大小不等的枯死斑，病斑周围的健康组织逐渐变黄，叶片呈现花叶状，病重叶片逐渐脱落。病斑的形状多为圆形或椭圆形，也可能形成不规则的形状。病原菌侵染果实时，前期为红褐色小点，然后变为圆形或近圆形红褐色斑点，病斑周围有红褐色晕圈，中间变为灰白色，微凹。在自然环境条件下果实病斑上很少产生分生孢子，与常见的苹果炭疽病的症状明显不同。叶片上的病斑多为直径在 1~2 mm 的小斑点，也有少数病斑直径超过 1 cm。后期病斑中央产生黑色小点（分生孢子盘），呈轮纹状排列，病斑上形成大量淡黄色分生孢子堆，当孢子萌发时会在病斑上产生白色丝状物（宋清等，2012；符丹丹，2014）。

二、苹果炭疽菌叶枯病的病原

苹果炭疽菌叶枯病的病原菌有性世代为 *Glomerella cingulata* (Stonem) Spauld & Schrenk，属真菌子囊菌（亚）门，球壳目，小丛壳属，围小丛壳菌；无性世代为胶孢炭疽菌 *Colletotrichum gloeosporioides* (Penz.) Penz. & Sacc. 和尖孢炭疽菌 *C. acutatum* J. H. Simmonds (González，2003)。在 PDA 平板上培养的菌落特征为（附图 1-2e）：菌落边缘完整，呈规则圆形，气生菌丝呈絮状，比较稀疏，边缘颜色为白色中间为淡灰色。分生孢子堆呈柠檬色或橙色（符丹丹，2014）。

三、苹果炭疽菌叶枯病的侵染规律

在一般情况下，苹果炭疽叶枯病病原菌主要在苹果的休眠芽和枝条上越冬，也可以以菌丝体的形态在病僵果、干枝、果台和有虫害的树枝上越冬。5月在条件适宜的情况下产生分生孢子，成为初侵染源，越冬的子囊壳也是初侵染源之一（宋清等，2012）。病原孢子可以随着雨水或气流传播，经皮孔或伤口侵染后，进入苹果叶片或果实内。病害发生时，首先形成中心病株，随后迅速的向四周蔓延侵染，可多次侵染，最终造成病害大面积的发生。

Wang 等（2015）的试验结果表明，温度和湿度是炭疽菌叶枯病发生的必要条件。苹果炭疽菌叶枯病病原菌分生孢子萌发的温度范围在 15~35℃，最适宜温度为 30℃。菌丝生长的温度范围在 15~35℃，最适宜温度为 25℃。炭疽菌叶枯病病原菌主要依靠雨水传播，病原菌分生孢子的萌发和侵染也需要自由水或高湿环境，而我国北方苹果主产区 6—8 月气温多在 30℃左右，雨水充沛，满足了苹果炭疽菌叶枯病病原菌的传播、侵染和发病条件，是苹果炭疽菌叶枯病病害发生的高峰期。

第二节 植物与病原微生物互作的机制

植物虽然在充满多种潜在病原微生物的环境中生长，但是在多数情况下植物并不表现出感病，这表明，植物在与病原微生物共同进化过程中，为了防御病原微生物的入侵，逐渐形成一套天然的免疫系统（Takken et al.，2009；Boller et al.，2009）。

一、植物对病原微生物侵染的基础抗性（PTI）

研究表明，病原微生物表面存在着一些保守分子，而且很少发生变异，对维持微生物的基本生物学特征非常重要。这些保守的分子特征被称为病原相关分子模式（Pathogen Associated Molecular Patterns，PAMPs）（Jones and Dangl，2006），例如细菌的鞭毛蛋白（flagellin）。这些保守的分子并非病原微生物所特有，而是广泛的存在于微生物中（Zipfel et al.，2008），所以它们也被称之为微生物相关分子模式（Microbe-associated Molecular Pattern，MAMPs）。真菌的病原相关分子模式主要包括多聚半乳糖醛酸内切酶、麦角甾醇、木聚糖酶以及细胞壁衍生物葡聚糖和几丁质等；细菌的病原相关分子模式主要包括冷激蛋白、脂多糖、延伸因子（EF-Tu）及鞭毛蛋白等，卵菌的病原相关分子模式主要包括β-葡聚糖及转谷氨酰胺酶等（Van et al.，2008；Naito et al.，2008）。与之相对应，植物的细胞表面存在着识别病原相关分子模式的模式识别受体（Pattern Recognition Receptors，PRRs）。PRRs是一类跨膜蛋白，具有高度的灵敏性和专化性，大都是存在于细胞表面的受体激酶或者具有亮氨酸重复序列的受体样蛋白（LRR-RLP）（Fritz-Laylin et al.，2005）。例如，鞭毛蛋白的识别受体 *FLS2*（Gomez-Gomez, et al.，2000；Chinchilla, et al.，2006）、水稻几丁质酶的识别受体 *CEBiP*（Kaku et al.，2006）、延伸因子的识别受体 *EFR*（EF-Tu receptor）（Zipfel et al.，2006）、水稻 *Ax*21 的识别受体 *XA*21（Park et al.，2010）、拟南芥几丁质酶的识别受体 *CERKl*（Miya et al.，2007；Wan et al.，2008）、水稻几丁质酶的识别受体 *OsCERK*1（Chen et al.，2010）等。在病原微生物与植物表面接触的瞬间，植物通过其细胞表面的 PRRs 感知病原微生物的 PAMPs，从而识别各类微生物，激活一系列的信号元件，启动植物的先天免疫反应（Zhang，2010）。这种通过植物的 PRRs 感知 PAMPs 并启动的主动防卫反应被定义为植物的基础抗性（Basal Disease Resistance），也称为基础免疫（Basal Immunity）（Boller et al.，2009）。该免疫过程被称为病原物相关分子模式触发免疫（PAMP-triggered Immunity，PTI），可以激活植物体内的一系列抗病反应，包括激酶的活化、胼胝质沉积、PR-蛋白的表达以及 miRNA 的合成等（Navarro et al.，2008），从而帮助植物阻止了环境中绝大多数病原微生物的入侵（赵开军等，2011；柏素花，2012；程曦等，2012）。

在 PTI 中，研究最为清楚的 PAMPs 及其相应 PRR 是细菌的鞭毛蛋白以及拟南芥中鞭毛蛋白的识别受体 *FLS2*（Flagellin-sensing 2）。鞭毛蛋白是一种构成细菌鞭毛的粒状蛋白。在对铜绿假单胞菌（Pseudomonas aeruginosa）的序列分析中发现，其鞭毛蛋白 N 端存在着一个肽段（flg22），含有 22 个氨基酸，具有激发子活性。该区域在革兰氏阴性菌中高度保守（Felix et al.，1999）。Chinchilla 等（2006）

发现在模式植物拟南芥中，鞭毛蛋白的识别受体是富含亮氨酸重复序列的类受体蛋白激酶（Leucine-rich repeat receptor-like kinase, LRR-RLK）FLS2。LRR-RLK 是一类单跨膜蛋白，通常由富含亮氨酸重复序列的膜外功能区，跨膜区以及胞内丝氨酸/苏氨酸蛋白激酶区组成。FLS2 能特异性识别并结合 flg22。现已证明番茄、烟草以及水稻中的 FLS2 同源蛋白均对鞭毛蛋白具有识别功能（程曦等，2012）。水稻白叶枯病菌（Xanthomonas oryzae pv. Oryzae）的病原相关分子模式（PAMP）是 N 末端具有一个硫酸化肽段（axYS22）的蛋白 Ax21，由 17 个氨基酸组成。axYS22 结构在所有黄单胞菌属细菌中高度保守。而在水稻中能够结合并识别 axYS22 的模式识别受体是 LRRXII 亚家族的类受体激酶 XA21 蛋白（Lee et al., 2009）。几丁质是大多数高等真菌细胞壁的主要组成成份。源于几丁质的 N-乙酰几丁寡糖是许多植物的 PAMP。水稻几丁质结合蛋白（Chitin elicitor binding protein, CEBiP）和拟南芥的受体激酶（LysM-containing chitin elicitor receptor kinase, CERKl）是典型的真菌病原识别受体。水稻的几丁质结合蛋白是一类跨膜蛋白，带有两个胞外 LysM 基序，能够与几丁质结合，但缺少胞内蛋白激酶区域。这很可能暗示着 CEBiP 介导的免疫反应需要其他受体的参与（Kaku et al., 2006）。拟南芥的受体激酶含有三个胞外 LysM 基序和一个胞内丝氨酸/苏氨酸激酶结构域，它能够在体外直接结合几丁质（Lizasa et al., 2010）。

二、病原微生物对 PTI 的抑制

植物通过 PRRs 识别外来病原微生物的 PAMPs 触发 PTI，成功抵挡了大部分病原微生物的侵入，保护宿主免受侵染。然而有少数病原微生物依然能够通过效应子抑制 PTI，从而成功避开宿主的防御，进而展开进一步入侵。效应子对 PTI 的抑制方式是多样的，一部分效应子可能促进病原物扩散或植物细胞养分渗漏（Badel et al., 2002），一部分效应子有可能在卵菌及真菌侵染植物细胞并形成吸器外基质的过程中起到了框架结构作用（Schulze-Lefert et al., 2003），一部分效应子则有可能对 PTI 过程中的一个或多个成分起到了抑制作用。

在植物的许多致病细菌中都具有 III 型分泌系统（Type III secretion system，TTSS）。该系统能够使致病细菌直接将效应子送入宿主植物细胞中。细菌效应子常常通过模仿或抑制真核生物的细胞功能来实现病原菌对宿主的侵染。在拟南芥及烟草中，丁香假单胞菌株 DC3000 所分泌的效应子 *AvrPto* 以及 *AvrPtoB* 能够成功的抑制 PTI 的防卫反应并促进细菌繁殖。对这两种蛋白结构的分析表明，*AvrPto* 可能作为一种蛋白激酶抑制剂，与 *FLS2*、*BAK*1 及 *EFR* 的激酶区域相互作用，抑制了 PRRs 的激酶活性（Xiang et al.，2008），并干扰了 *FLS2 - BAK*1 复合体的形成（Shan et al.，2008）。*AvrPtoB* 是一种类泛素连接酶蛋白，其酶活性与 *FLS*2 的泛素化及降解有关（Gohre et al.，2008）。丁香假单胞菌的另一个效应子 *HopAI*1 是一个磷酸苏氨酸裂解酶，能够使丝裂原活化蛋白激酶（mitogen - activatedprotein kinases，MAPKs）MPK3 和 MPK6 去磷酸化，从而实现了对 PRR 信号的传导终止，抑制了宿主 PTI 的功能（Zhang et al.，2007）。

三、植物对病原微生物的基因对基因抗性（ETI）

病原微生物能够通过效应子的作用抑制宿主的 PTI 防卫反应，从而成功的进入宿主体内。病原微生物的效应子是菌种甚至小种所特有的。然而在自然选择压力下，植物也相应的进化出能够特异性的识别这些效应子的受体，在植物细胞内部开启了由效应子触发的免疫反应（Effector-triggered immunity，ETI）（Takken and Tameling，2009）。该免疫主要依靠抗病基因（Resistance gene，R gene）所编码的 NB-LRR（Nucleotide binding-leucine rich repeat）蛋白产物起作用，它们能够识别病原菌效应子，激活并介导小种专化抗性。这种抗性通常伴随有局部细胞死亡即超敏反应（hypersensitive response，HR）。

植物 NB-LRR 蛋白是植物细胞内的一类能与核苷酸结合并具有亮氨酸重复序列的蛋白质，是由一个多变的 N 末端，C 末端的 LRR 区域及一个 NB-ARC 结构域构成（Elmore et al.，2011）。植物识别效应子并导致 NB-LRR 蛋白构象发生改变，从而将 NB-LRR 蛋白由抑制状态转变为激活状态，进一步诱导下游信号的转导（Collier et al.，

2009），从而实现对病原菌的防御反应。NB-LRR 蛋白对效应子的识别一般采用两种方式：间接识别和直接识别。间接识别大都是由病原效应子诱导特定的宿主蛋白发生修饰，修饰的宿主蛋白再激活 NB-LRR 蛋白，完成抗病反应。拟南芥中的 *RIN*4 蛋白就是一种能够被病原效应子特定诱导的宿主蛋白。该蛋白是多种病原效应子（*AvrRpt*2、*AvrRpm*1、*AvrB* 及 *HopF*2）的靶标，在病原效应子的诱导作用下，RIN4 蛋白被修饰，从而激活 NB-LRR 蛋白，触发下游免疫应答。*Avr-Rpt*2 对 *RIN*4 的修饰作用是通过对 *RIN*4 蛋白的直接裂解完成的，从而激活 NB-LRR 蛋白 *RPS*2 介导的 ETI（Axtell et al.，2003）。直接识别是 NB-LRR 蛋白与病原菌的效应子直接结合。例如，拟南芥中的 RRS1-R 蛋白能够与茄科雷尔氏菌（*Ralstoniasolanacearum*）的效应子 *Pop*2 直接结合，从而启动了 ETI 应答（Deslandes et al.，2003）。通过酵母双杂交实验也证明了亚麻的 TIR-NB-LRR 蛋白能够与亚麻锈病病菌的效应子 *Avr*567 相互作用，开启 ETI 应答（Dodds et al.，2006）。

植物与病原微生物之间相互作用并协同进化的过程被 Jones 等（2006）总结为"之"字形模型（附图 1-3）：这个过程可以分为四个阶段，第一阶段：触发 PTI。植物通过 PRRs 识别绝大多数病原微生物的 PAMPs，从而引发基础抗性。第二阶段：抑制 PTI。病原微生物相应的进化出效应子来抑制 PTI，避开宿主的防御，对植物展开再次侵染，此时植物对病原微生物是感病的。第三阶段：触发 ETI。在自然选择压力下，植物进化出能够特异性识别相应效应子的 NB-LRR 蛋白，激发防御反应，阻止病原微生物的进一步侵染。第四阶段：避开 ETI。病原微生物通过不同的进化策略，产生新的效应子，展开新一轮的入侵。

四、抗病分子机理研究对作物抗病育种的影响

长期以来，作物的抗病育种主要使用了小种专化性抗病性（即过敏性坏死反应类型），由于病原微生物生理小种的变异，导致作物抗病性的"丧失"，缩短了抗病品种的使用年限。而且随着作物产量水平的不断提高，农田生态条件的变化和作物抗性资源的消耗，许多新的病害逐渐显现。再加上抗病性多与不良农艺性状相连锁，所以要培育出优良的抗病品种越来越难。抗病分子机理的研究为作物抗病育种提供了新的发展思路。

一是重视 PTI 的利用。植物细胞表面的模式识别受体对病原微生物相关分子模式的识别，诱导 PTI，是植物免受病害侵染的第一道防线。因此将 PTI 有效应用于作物抗病品种的选育，有望获得广谱性抗病品种。拟南芥中的受体基因 *EFR* 能够识别细菌延伸因子 EF-Tu。Lacombe 等（2010）利用农杆菌介导法将拟南芥中的受体基因 *EFR* 转入到烟草和番茄的基因组中，成功获得了转基因植株。经验证，转入 *EFR* 基因的植株可以抗假单胞菌属（*Pseudomonas*）、黄单胞菌属（*Xanthomonas*）、拉尔氏菌属（*Ralstonia*）和农杆菌属（*Agrobacterium*）等不同属的病原细菌。这说明在育种中可以充分利用不同植物的模式识别受体基因来培育出具有广谱性、持久性抗性的作物新品种。

二是将 ETI 与 PTI 相结合。植物大多数 R-基因是专门为识别病原微生物效应子而进化的，而病原微生物的效应子是菌种甚至小种所特有的，所以尽管植物 ETI 能很强的特异性抵抗某种病害，但是也容易激发病原微生物产生新的效应子而避开原有的 ETI，使抗性消失。如果在利用 ETI 时，结合利用 PTI，便可以达到两道防线共同作用的效果，可以有效地避免大面积推广的抗病品种因 ETI 的丧失而造成重大的产量损失。在育种实践中，利用 PTI 抗性较好的栽培品种作为育种材料，利用多基因聚合或多基因转化将多个优良抗病基因导入其中，有利于扩大作物的抗病广谱性，改良作物的 ETI 抗性。

第三节　抗病基因的分子鉴定方法

近等基因系法（Near-isogenic Lines，NIL）和分离群体分析法（Bulked Segregant Analysis，BSA）是获取与抗病基因紧密连锁的分子标记的两种最经典的方法。

一、近等基因系法

近等基因系是指仅在目标性状存在差异的两种基因型个体，通过杂交及多代自交或回交分离而获得的群体（Young，1998）。近等基因系法的基本原理是比较轮回亲本与近等基因系及供体亲本三者的标记基因型。当近等基因系与供体亲本具有相同的标记基因型，但与轮回亲本的不同时，则该标记就有可能与目标基因连锁（Muehlbauer，1988）。近等基因系的建立一般需要连续自交或回交 6~8 代，耗时较长，而且常会导致一些重要基因的丢失或形成连锁累赘，因而限制了它的应用。

二、分离群体分组分析法

分离群体分组分析法又称近等基因池法，是从近等基因系法演化而来的，属于双尾分析中的选择 DNA 基因池法（selective DNA pooling，SDP）。Michelmore 等（1991）首先利用 BSA 法在没有近等基因系的条件下通过对 F_2 分离群体进行 RAPD 分析，成功的从 100 个引物中筛选出 3 个与莴苣霜霉病抗性基因 $Dm_{5/8}$ 紧密连锁的 RAPD 标记。该实验的基本原理是：具有相对性状（如抗病、感病）的一对亲本杂交，在其后代分离群体中，根据个体表型或基因型分为两组（如抗病组、感病组），选取两组中相同数量的极端差异个体，提取 DNA，并进行等量混合，构建两个相当于近等基因系的基因池（如抗病基因池、感病基因池），并对两个基因池进行标记的多态性筛选。由于两个基因池在遗传背景上是相似的，表型上的差异就有可能是由于某一目的基因的改变而造成的。因此两池间筛选出的多态性 DNA 标记就有可能是与目的基因连锁的分子标记。将多态性分子标记在后代分离群体上进行进一步验证，就可以分析出多态性标记与目的基因是否连锁以及连锁程度（廖毅等，2009）。

分离群体分组分析法包括基于标记基因型的 BSA 法（Giovannoni et al.，1991）和基于性状表现型的 BSA 法（Michelmore et al.，1991）。前者是根据已有图谱或标记信息对基因进行精细定位，后者是通过对分离群体中就某一性状表现极端差异的个体进行分组，构建两个相对性状的 DNA 池，并筛选与目的基因连锁的多态性标记，实现对基因的初步定位。BSA 法具有许多优点：如原理简单、操作方便、实用经济等，重要一点是克服了许多作物没有或者难以创建近等基因系的限制，所以被广泛应用于质量性状单基因的定位以及数量性状主效基因的定位。2007 年，Korol 等对 BSA 法进行了优化，在精密仪器的辅助作用下实现了对定位效应较大 QTL 的定位。许多学者从理论上和实践上都证明了 BSA 法对数量性状基因定位的合理性（Wang and Paterson，1994；William et al.，1997；Chagué et al.，1997；Hill，1998；Mackay and Caligari，2000；Chantret et al.，2000）。

第四节　分子标记技术研究进展

一、分子标记概述

分子标记（Molecular markers）是 20 世纪 80 年代以来，继形态标记（Morphological marker）、细胞标记（Cytological marker）、生化标记（Biochemical marker）三大遗传标记之后，又诞生的一种以 DNA 一级序列的多态性为基础的新的遗传标记。分子标记与其他遗传标记的不同之处在于，分子标记能够直接从 DNA 序列上找出差异。因此其具有如下的优点：一是准确性高，不受组织器官、个体发育时期状况、环境条件等因素的干扰；二是检测定位多，几乎遍及整个基因组；三是共显性好，有些共显性分子标记可有效的鉴别出二倍体中纯合和杂合基因型；四是多态性高，无需专门去创造特殊的遗传材料，自然就存在着许多等位变异；五是表现为"中性"（即无基因多效性），与不良性状没有必然的连锁遗传，也不影响目标性状的正常表达；六是遗传稳定，可靠性强，检测速度快，操作简单。

二、分子标记的种类

根据分子标记的发展进程，可以将其归类划分为三代分子标记：

第一代分子标记以扩增片段长度多态性分子标记 AFLP（Amplified fragment length polymorphism）、限制性片段长度多态性分子标记 RFLP（Restriction fragment length polymorphisms）、随机扩增多态性 DNA 分子标记 RAPD（Random amplified polymorphism DNA）为代表。第二代分子标记以重复序列的重复次数作为标记，操作较为简单，易于分型，且为共显性标记，更便于进行遗传分析。其代表性标记为简单重复序列标记 SSR（Simple sequence repeat）和简单重复序列间扩增标记 ISSR（Inter-simple sequence repeat）。第三代分子标记以核苷酸多态性标记 SNP（Single nucleotide polymorphism）、插入缺失标记 InDel（Insertion-deletion）、拷贝数变异标记 CNV（Copy Number Variation）为代表，在后基因组时代已被大量开发，并被广泛使用。这类标记的最大特点是数量多、范围广、为显性标记、易于高通量分型。

1. SSR 标记

SSR（Simple sequence repeat），即简单重复序列，又称微卫星（Microsatellite），是 Litt 等 1989 年提出，Moore 等 1991 年创立的。由 1~6 个核苷酸为单位组成的串联重复序列（Wang，1994），是 DNA 复制和修复过程中，微卫星序列内发生滑链错配或不均等重组时，导致增加或缺失一个或更多的重复单元（Levinson and Gutman，1987；Richards，1992），广泛分布于植物和动物的基因组中（Tautz and Renz，1984）。每个 SSR 两侧具有相对保守的单拷贝序列，这为设计特异引物扩增 SSR 序列提供了模板。由于扩增产物中基本单元重复次数的不同，就形成了 SSR 座位的多态性。通常经过 SSR 引物扩增出来的 PCR 产物，可以经过聚丙烯酰胺凝胶电泳和琼脂糖凝胶电泳进行检测其多态性。SSR 分子标记的优点在于信息量大、多态性高、重复性好、操作简单、呈共显性（Kalia et al.，2011），因此被广泛应用于作物及果树等目标基因的遗传定位、遗传连锁图谱的构建、遗传多样性的检测以及分子标记辅助育种等方面。

SSR 标记的开发：目前常见的 SSR 标记开发的方法包括数据库检索法、构建与筛选基因组文库法、微卫星富集法以及省略筛库法等。其中数据库检索法是开发 SSR 标记既经济又有效的方法。充分利用现有的 DNA 序列数据库中的信息，搜索 SSR 序列，可以轻松的获得全基因组的所有 SSR 引物，省去构建基因文库、杂交、测序等烦琐的工作，节省了大量的时间和财力。随着高通量测序技术的快速发展，使得如 GenBank、EMBL/EBI（European Bioinformatics Institute，http：//www. embl－heidelberg. de/）、NCBI（National Center for Biotechnology Information，http：//www. ncbi. rdm. nih. gov/）以及 DDBJ（DNA Data Bank of Japan，http：//www. Ddbj. nig. ac. jp）等公共数据库中各物种的基因组序列、转录组序列及 EST 序列等不断增多。结合在线软件 SSRIT（http：//archive. gramene. org/db/markers/ssrtool）以及 SSRHunter 等来搜索 SSR 位点，利用 Primer Premier 5.0 或者利用在线引物设计软件 Primer 3.0（http：//primer3. ut. ee/）根据位点两侧保守核苷酸序列设计特异性引物。

2. SNP 标记

SNP 即单核苷酸多态性，是两个 DNA 序列中的某个位点由于单个核苷酸的变化而引起的多态性。SNP 标记的优点在于数量多，分布广，相对稳定，易于快速筛查和基因分型。

SNP 标记的开发：可以通过多种方式和方法实现对 SNP 标记的检测和分析。一是质谱分析法。通过 PCR 扩增后，用质谱进行分析检测。二是 HRM 分析法。利用高分辨率熔解曲线（High resolution melting，HRM）分析方法进行分型检测。三是芯片法。利用 SNP 标记芯片进行分型检测。四是测序法。通过高通量测序手段进行检测（孙瑞，2015）。SNP 标记的开发主要依赖于含有大量测序序列的数据库，具有速度快、高通量的特点。随着测序技术的发展，特别是全基因组测序，不仅可以从全基因组中获得大量的 SNP 位点，而且还可以了解到 SNP 位点在基因组中的分布状况，对于我们进一步分析基因的功能及表达提供了更多的可能。基于参考基因组序列的分析方法包括：全基因组重测序（Whole－genome re－sequencing，WGR）、转录组测序（RNA-seq）和简化基因组测序（Reduced－Representation Genome Sequencing，RRGS）。

全基因组重测序是对已知物种基因组序列的前提下所进行的全基

因组范围内的测序，并在个体或群体水平上进行差异性分析的方法。
优点：快速进行资源普查筛选，寻找到大量遗传变异，实现遗传分析
及重要性状候选基因的预测。转录组测序的研究对象为某个体在某一
特定的功能状态下所能转录出来的所有 RNA 的总和，检测的是某个
体位于编码区的碱基差异。优点是能够降低成本，能够直接检测功能
区碱基的序列变化，能够有效的检测分析基因的表达水平，更有可能
找到直接与表型相关的 SNP 差异（Geraldes et al., 2011；Li et al.,
2012a）。简化基因组测序是对与限制性核酸内切酶识别位点相关的
DNA 进行高通量测序。RAD-seq（Restriction-site Associated DNA Se-
quence）和 GBS（Genotyping-by Sequencing）技术是目前应用最为广
泛的简化基因组技术，优点是可以大幅度地降低基因组的复杂程度，
简化操作，同时不受有无参考基因组的限制，可快速有效地鉴定出高
密度的 SNP 位点，从而实现遗传分析及重要性状候选基因的预测。

3．InDel 标记

InDel 是指父母本之间在全基因组序列范围内存在的差异。一个亲
本相对于另一个亲本而言，在基因组中存在着一定数量的核苷酸插入
或缺失（Jander et al., 2002）。InDel 标记就是根据基因组中的这些插
入或缺失位点，依据一定原则，在其上下游设计一些 PCR 引物能扩增
出包含这些插入缺失位点的碱基片段，成为 InDel 标记。基于全基因
组重测序的 InDel 标记是遗传标记的一个重要来源，因其具有分布广、
密度高、变异稳定、多态性强、基因型判别简单、检测容易等优点，
受到越来越多的关注。InDel 标记已广泛应用于目标基因的遗传定位、
高密度遗传图谱的构建、目的基因的精细定位、生物遗传多样性的分
析、种子纯度鉴定及分子标记辅助育种等多方面。Yu 等（2003）利
用 InDel 标记、RFLP 标记、SSR 标记构建了一张向日葵的高饱和度分
子标记遗传连锁图谱。Feng 等（2005）利用日本晴和 9311 序列筛选
得到的分布于每条染色体的 20 对 InDel 标记和 53 对 SSR 标记，分析
鉴定了 46 份粳稻和 47 份籼稻的遗传多样性。葛敏等（2013）利用生
物信息学对玉米全基因组进行扫描，发现可用于开发 Indel 分子标记
的插入缺失位点，同时成功地运用 Indel 分子标记鉴定了玉米杂交种

的纯度。Hayashi 等将开发的 9 对 InDel 标记成功的应用于水稻抗性基因的筛选。

三、分子标记在苹果上的应用

1. 分子遗传图谱的构建

分子遗传图谱（Genetic linkage map）是不同分子标记在染色体上的位置和相对距离的排列图，遗传图谱上的每个分子标记反映的都是与遗传特征有关的相应染色体座位上的遗传变异和多态性。分子遗传图谱的构建是基于染色体交换与重组的理论，它是分子遗传学研究中的重要领域，是对基因进行定位及克隆的基础，也是遗传育种的重要依据。随着分子标记技术的发展，图谱上标记的种类越来越多，标记的密度也越来越高。

起源于"欧洲苹果基因组作图计划"的第一张遗传连锁图谱于 1994 年由 Hemmat 等人完成发表。该图谱以 56 株 'Rome Beauty' × 'White Angel' 的杂交后代为作图群体，构建了包含 360 个标记的父本和母本两个苹果品种的遗传连锁图（Hemmat et al.，1994），实现了苹果遗传图谱构建的突破。2003 年，Liebhard 等以 'Fiesta' × 'Discovery' 的 267 株 F_1 代杂交群体为试材，利用 SCAR、AFLP、SSR、RAPD 标记等 840 个不同类型的分子标记构建了高密度的遗传连锁图谱（Liebhard et al.，2003）。2009 年，Celton 等利用 93 个 'M. 9' × 'R. 5' 的 F_1 杂交群体构建了 17 个连锁群，包含了 224 个 SSR 标记，42 个 RAPD 标记、18 个 SCAR 标记和 14 个 SNP 标记（Celton et al.，2009）。随着苹果基因组全序列的公布（Velasco et al.，2010），利用全基因组重测序技术大规模开发 SNP 标记构建高密度遗传连锁图谱成为现实。2012 年，Antanaviciute 等完成了以 'M. 27' × 'M. 116' F_1 代杂交后代为群体，构建了由 306 个 SSR 标记和 2 272个 SNP 标记组成的高密度遗传连锁图谱，平均每一个标记间的遗传距离为 0. 5 cM（Antanaviciute et al.，2012）。同年 Khan 等构建了包含 2 033个 SNP 和 843 个 SSR 共 2 875个分子标记的苹果整合遗传图谱，总长为 1 991. 38 cM。

2．DNA 指纹图谱的构建与品种的鉴定

DNA 指纹图谱因具有高度的特异性、稳定的遗传性和体细胞稳定性的特点，因此不受植物组织和器官的种类、生长发育阶段、环境条件等因素的影响，所以在苗期即可对品种进行快速、有效的鉴定，提高了鉴定的准确性和效率。高质量的指纹图谱不仅可以应用于种质资源亲缘关系的分析，遗传多样性的研究，还可以通过对苹果 DNA 指纹图谱的比较分析，从本质上找出生物个体间的差异，实现对苹果栽培品种的鉴别、新品种登记、注册和产权保护。

Koller 等（1993）利用 RAPD 标记对 11 个苹果栽培品种进行了鉴别。Gianfranceschi 等（1998）利用两对 SSR 引物对 19 个苹果栽培品种的 DNA 进行扩增，成功的将 17 个苹果品种区分开来。祝军等（2000a）应用 AFLP 技术，用筛选出的引物 P32M46 绘制了我国苹果生产中常见的 25 个重要品种的 DNA 指纹图谱，通过对该指纹图谱的分析表明，苹果栽培品种在 DNA 结构组成上具有较高的遗传多样性。祝军等（2000b）还利用 AFLP 引物 P44M64 构建了 5 个苹果矮化砧木基因型的 DNA 指纹图谱，区分了供试的 5 个矮化砧木的基因型并确定了他们之间的遗传关系。Liu 等（2014）利用 8 对 SSR 引物和 60 个苹果样品（包括几个栽培品种和‘富士’בTelamon’F$_1$ 实生苗）运用品种鉴定图（Cultivar identification diagram，CID）策略完成了第一张苹果品种鉴定图谱的构建，并证明了该方法能高效地应用于品种鉴别。

3．目标性状基因的定位

分子标记辅助选择育种和基因定位克隆的前提是筛选与目的基因紧密连锁的分子标记。控制苹果重要农艺性状的基因大多属于数量性状由多基因或主效基因控制，受环境因素影响大，并且由于果树的基因高度杂和，更增加了筛选分子遗传标记的难度。目前，研究进展较快，所获得的遗传距离较近的分子标记多来自于单基因控制的质量性状。

在苹果抗病性育种工作方面，研究最为广泛和深入的是对抗黑星病基因的研究。Yang 和 Krüger（1994）首次报道了利用改进的分离分析法发现了一个与苹果抗黑星病基因 *Vf* 连锁的分子标记。随后，经过不懈的研究，不同类型的分子标记如 RAPD 标记、RFLP 标记、AFLP 标记、SSR 标记等众多与苹果抗黑星病 *V* 基因连锁的标记被挖掘，与抗病位点连锁最紧密的分子标记的遗传距离仅为 0.5cM（Koller et al.，1994；Durham and Korban，1994；Tartarini，1996；Yang and Korban，1996；Yang et al.，1997；Tartarin et al.，1998；Xu and Korban，2000；Benaouf and Parisi.，2000；Gygax et al.，2004；Dunemann and Egerer，2010；Galli et al.，2010）。在果实品质育种方面，筛选出与控制果皮颜色主基因 *Rf* 连锁的分子标记，并将其定位在第九连锁群上（Cheng et al.，1996；何晓薇等，2009）。与控制果实酸度、果形指数、果肉褐变等性状基因连锁的分子标记都有报道（王雷存等，2012；Sun et al.，2012）。在矮化密植育种方面，田义柯等（2003）筛选出一个与柱形基因 *Co* 基因位点的连锁距离为 8.66 cM 的 RAPD 标记。Moriya 等（2012）在苹果第十条染色体上筛选出 3 个与 *Co* 基因位点共分离的分子标记（Mdo.ch10.12、Mdo.ch10.13 和 Mdo.ch10.14），将 *Co* 基因定位在 196 kb 个碱基区间内。

4. 分子标记辅助选择

分子标记辅助选择（Molecular marker-assisted selection，MAS）是利用与目标性状紧密连锁的分子标记作为辅助手段进行选择育种。MAS 可以不用测交或后裔测定，加速遗传改良的速度；独立于环境，增加可靠性；进行育种早期选择，提高育种效率；实验室操作，降低成本；对多基因、多个性状甚至全基因组选择，增加选择效率（徐云碧，2014）。主要应用于：种质资源的有效鉴定、量化和表征遗传变异（Tanksley et al.，1989；Gur and Zamir，2004）；对改良目标性状的基因或数量性状基因座（Quantitative trait loci，QTL）的定位、克隆和导入（Peters et al.，2003；Gur and Zamir，2004；Holland，2004；Salvi and Tuberosa，2005）；对遗传变异的操作（包括鉴定、选择、聚合及整合）（Collard et al.，2005；Francia et al.，2005；Varshney et al.，2005；Wang et al.，2007）；植物品种保护和特殊性、均匀性及稳定性测试过程（CFIA/NFS，2005；Heckenberger et al.，2006；

IBRD/World Bank，2006）等。

　　MAS 在苹果育种中主要应用于重要性状的筛选，杂种实生苗的早期选择，杂交亲本的选配，遗传转化中目的基因的检测等。Tartarini 等（2000）报道了利用获得的与抗苹果黑星病的显性单基因 *Vf* 紧密连锁的 RAPD 标记测验了携带该基因个体，淘汰错误率为 3%，保留错选率仅为 0.02%。Cheng 等（1996）利用与控制果色的 *Thd01* 基因紧密连锁的 RAPD 标记，在苹果实生苗发育早期进行了标记筛选，实现了对果色这一特定性状的早期选择，大大减少了人力物力的浪费。由苹果单基因 *Co* 控制的柱型性状有利于形成集约高效的现代苹果栽培模式，能够降低生产成本，提高产量。Moriya 等（2012）所得到的 3 个 与 *Co* 基因共分离的标记 Mdo. chlO. 12、Mdo. chlO. 13 和 Mdo. chlO. 14，对于柱型苹果杂交育种中对群体材料的早期选择、基因的克隆及转化有着重要意义。Nybom 等（1990）利用 M13 作为探针，对 64 株枫树实生苗进行了 DNA 指纹验证，通过亲缘关系和系统分类分析，成功的实现了对其中 56 株枫树实生苗的身份认证。

第五节　研究目的与意义

　　苹果炭疽菌叶枯病是近年来高发且蔓延速度极快的一种真菌病害，目前尚没有有效的药物进行预防和治疗，对于感病的品种，特别是在高温高湿的季节，一旦发病将会带来毁灭性的为害。培育和种植抗病品种是防控植物病害的重要途径之一。随着分子生物学的快速发展，分子标记辅助选择技术逐渐成为植物抗病育种的有效手段。研究苹果对炭疽菌叶枯病的抗性遗传规律，筛选与苹果抗炭疽菌叶枯病基因连锁的分子标记对于抗病基因的定位、构建精细遗传图谱、进行图位克隆、基因功能验证及苹果抗病分子育种有着极其重要的意义。

　　本书采用两个高抗苹果炭疽菌叶枯病品种（系）‘富士’‘QF-2’（‘秦冠’×‘富士’杂交后代中的高抗品系）和两个高感病品种‘金冠’‘嘎拉’做亲本配制了 4 个杂交群体（‘金冠’×‘富士’F₁

代 207 株，'富士'×'金冠' F_1 代 95 株，'嘎拉'×'富士' F_1 代 262 株，'富士'×'QF-2' F_1 代 198 株），采用室内人工离体接种的方法对 F_1 单株进行了苹果炭疽菌叶枯病的抗性鉴定。首先采用 BSA（bulked segregation analysis，分离群体分组分析）法和 SSR（simple sequence repeats，简单重复序列）分子标记相结合的手段筛选抗性标记，然后通过全基因重测序与 BSA 相结合的方法筛选与目标基因相关的 SNP 标记和 Indel 标记，并运用高分辨率熔解曲线（High Resolution Melting，HRM）分析技术验证 SNP 及 Indel 标记，进一步将目标基因进行精细定位，筛选与抗炭疽菌叶枯病相关的候选基因，以期揭示苹果炭疽菌叶枯病的抗性遗传规律，获得与目标基因紧密连锁的分子标记，实现抗性基因定位，为挖掘抗病的关键基因，探索病原菌与抗病基因的互作机制，实现分子标记辅助育种，提高苹果抗病育种效率打下基础。

第二章 苹果对炭疽菌叶枯病抗性遗传的研究

培育和种植抗病品种是防控植物病害的重要途径之一。研究苹果对炭疽菌叶枯病的抗性遗传规律，对筛选与炭疽菌叶枯病抗性基因连锁的分子标记，利用分子标记辅助育种有着极其重要的意义。

作者采用两个高抗苹果炭疽菌叶枯病品种（系）'富士'和'QF-2'（'秦冠'×'富士'杂交后代中的高抗品系）；两个高感病品种'金冠'和'嘎拉'为亲本配制了4个杂交群体，采用室内人工离体接种的方法对4个杂交组合的 F_1 单株进行了苹果炭疽菌叶枯病的抗性鉴定，以期揭示苹果炭疽菌叶枯病的抗性遗传规律，为发掘与抗性基因紧密连锁的分子标记，开展苹果抗炭疽菌叶枯病分子育种奠定基础。

第一节 材料与方法

一、植物材料

选择青岛农业大学苹果试验基地（山东省胶州市）2009—2014年种植的4个杂交组合的 F_1 群体及4个亲本作为室内人工接种鉴定的试验材料。4个群体分别是：'金冠'×'富士' F_1 代207株、'富士'×'金冠' F_1 代95株、'嘎拉'×'富士' F_1 代262株、'富士'×'QF-2' F_1 代198株。取样期间不喷施农药，其他管理正常。

二、供试病菌

室内人工离体接种采用的病菌取自山东省莱西市南墅镇上庄村的'嘎拉'苹果炭疽菌叶枯病病叶。经鉴定病原为围小丛壳 *G. cingulata*（Wang et al.，2012）。

三、试验方法

1. 菌种的培养及悬浮孢子液的配制

将收集到的'嘎拉'苹果炭疽菌叶枯病病叶在 25℃ 室内保湿培养 3 d，从病叶上产生的分生孢子中，挑取单孢，在 PDA 培养基中培养，获得纯培养菌株，并在 5℃ 冰箱中保存。接种前将保存的菌种转接到 PDA 培养基中，25℃ 活化，待菌落长满培养皿的 2/3 时，用接种环刮除气生菌丝，25℃ 继续培养 2~3 d，直至培养基中长出橘黄色分生孢子角。

用接种环挑取适量分生孢子角，放入盛有无菌蒸馏水的烧杯中摇匀，用血球计数板检测孢子悬浮液浓度，调至 10^4 个/ml 备用。孢子悬浮液现配现用，放置时间不超过 1 h。

2. 分生孢子萌发力测定

在洁净的单凹载玻片上滴一滴苹果炭疽病菌孢子悬浮液，然后盖上盖玻片，放入底面盛有少许水的培养皿中，盖上皿盖，放入 25℃ 培养箱中培养 12 h。显微镜下观察孢子的萌发力。孢子平均萌发力在 20% 以上均为可用。

3. 样品采集及室内抗病性鉴定

从供试苹果树上剪取一年生健壮的新梢，每个材料取 4 个枝条（2 个用于接种鉴定，2 个用作对照），剪除枝条两端，保留顶部 4 个完全展开的叶片。

用 0.6% 的次氯酸钠对叶片表面消毒，然后用无菌水冲洗，沥干，用小型喷雾器将摇匀后的分生孢子悬浮液均匀喷洒到叶片正反两面，至叶片刚刚开始流水为止。将接种及喷有无菌蒸馏水的枝条（对照）均匀分插到两个孔穴盘上，置于装有适量蒸馏水的泡沫箱内，加盖密封保湿，置于25℃恒温培养箱内暗培养。4d后进行抗性鉴定和数据记录，将叶片上无病斑的定为"抗病"，记为（R），把有病斑的定为"感病"，记为（S）。卡方检验采用SPSS13.0软件进行分析。

　　鉴于该病尚无有效防治措施，为防止病原传播，作者未进行田间接种鉴定。

第二节　结果与分析

一、不同苹果品种（系）对炭疽菌叶枯病的抗性表现

　　通过室内人工接种对4个杂交组合中的4个亲本及1个相关品种进行抗性鉴定（表2-1）。'富士'和'QF-2'的叶片无病斑，表现为对炭疽菌叶枯病的高度抗性；'金冠''嘎拉'和'秦冠'的叶片均出现病斑，且病斑数均在20个以上，表现出对炭疽菌叶枯病易感染性。

表2-1　不同苹果品种（系）对炭疽菌叶枯病抗性的室内接种鉴定

亲本	叶片平均病斑数	抗病性
富士	0	抗病（R）
QF-2	0	抗病（R）
金冠	21.1	感病（S）
秦冠	22.8	感病（S）
嘎拉	22.4	感病（S）

　　离体接种鉴定结果（附图2-1）表明，不同品种和F_1杂交后代单株对炭疽菌叶枯病抗感表现差异明显。而且这一结果与田间抗性调查结果相符（附图2-2）。在安徽砀山发病区，'嘎拉'（附图2-2左图）和'秦冠'（附图2-2右图）苹果树干上嫁接'富士'枝条，染病后，'嘎拉'和'秦冠'的叶片已经全部脱落，'嘎拉'仅剩下光秃的枝干，'秦冠'仅剩下果实，与'富士'枝条上翠绿的叶片形成鲜明的对照。这充分显示不同品种（系）对苹果炭疽菌叶枯病的抗性

差异明显，遗传性对苹果炭疽菌叶枯病的抗性起着主导作用，同时也证实了上述品种（系）可以作为苹果炭疽叶枯病遗传规律研究的典型材料。

二、苹果 F_1 植株对炭疽菌叶枯病抗性表现及抗性遗传规律分析

在'金冠'×'富士'组合的 F_1 代群体中，共调查了 207 株，其中抗病株为 93 株，感病株为 114 株，经适合性检验，$\chi^2_{0.05} = 1.07$（$P>0.05$）；在'富士'×'金冠'组合的 F_1 代群体共调查 95 株，其中抗病株为 40 株，感病株为 55 株，$\chi^2_{0.05} = 1.20$（$P>0.05$）（表 2-2）。二者卡方值均小于 $\chi^2_{0.05} = 3.84$，P 值均大于 0.05，说明样本的抗病与感病的表型比值符合 1 : 1 的理论分离比，初步判断该试验组合中苹果对炭疽菌叶枯病的抗性由单基因控制。计算'金冠'×'富士'组合正反交之间抗感差异得卡方值 0.21（小于 $\chi^2_{0.05} = 3.84$），二者没有显著性差异，说明苹果抗炭疽菌叶枯病为细胞核遗传，不受胞质遗传物质影响，即不存在母性遗传效应。

表 2-2　杂交 F_1 代植株对苹果炭疽菌叶枯病的抗性表现

杂交组合	株数			抗感比	抗感比期望值	χ^2	P
	总株数	抗病	感病				
金冠×富士	207	93	114	0.82 : 1	1 : 1	1.07	0.30
富士×金冠	95	40	55	0.73 : 1	1 : 1	1.20	0.27
嘎拉×富士	262	4	258	0.02 : 1	0 : 1	—	0.12
富士×QF-2	198	195	3	65 : 1	1 : 0	—	0.25

在'嘎拉'×'富士'杂交后代群体中，共调查了 262 株，出现了 4 株抗病单株，经适合性检验，P 值为 0.12，大于 0.05，无显著性差异，符合 0 : 1 的理论比值，表明该杂交后代抗病对感病呈隐性单基因遗传；'富士'×'QF-2'杂交后代群体中共调查了 198 株，出现 3 株感病植株，P 值为 0.25，符合 1 : 0 的理论比值（表 2-2），说明该杂交后代抗病性受单基因控制。

综合上述研究结果，可以确定苹果对炭疽菌叶枯病的抗性由隐性

单基因控制。

三、苹果杂交亲本及后代对炭疽菌叶枯病抗性的基因型推测

综合不同杂交组合的亲本及后代对苹果炭疽菌叶枯病抗性的表型性状分析结果，可以假设本试验群体中，对苹果炭疽菌叶枯病表现为抗病的植株基因型为 rr，感病植株为 RR 或 Rr，并由此推测出供试亲本品种（系）'富士''金冠''嘎拉''QF-2'的基因型分别为 rr、Rr、RR 和 rr，'秦冠'为 Rr（附图 2-3）。

第三节　讨论与小结

病害的发生是寄主与病原菌在一定环境条件下相互作用的结果。所以接种条件和病原菌的致病性对寄主的抗性鉴定结果有着重要的影响。根据 Wang 等（2015）的试验结果，25℃是苹果炭疽菌叶枯侵染的最适温度，自由水或高湿条件是分生孢子萌发的必要条件，接种后第 4 d 病斑数达到最大值，特征最明显。本试验所采用的接种方法和试验条件是根据 Wang 等（2015）所得出的试验结论进行的，采用适宜的孢子浓度、温度、湿度和最佳病斑计数时间，使寄主与病原菌的互作关系得到充分体现。所用的病原菌是从'嘎拉'感病叶片上采集、分离、纯化的，对'嘎拉''金冠''秦冠'等具有强致病性，保证了鉴定结果的可靠性。

目前对于苹果炭疽菌叶枯病的一些报道还仅限于对引起病害的相关因素、病原菌的生理学、致病机制、寄主响应及防治措施等方面的研究（González，2006；Wang et al.，2012；Velho et al.，2014；Araujol and Stadnik，2013；Wang et al.，2015；王薇等，2015），对于抗性遗传规律、分子标记定位等研究少有报道。

作者利用 4 个杂交群体的后代个体对炭疽菌叶枯病抗性表现进行了综合分析，得出苹果杂交后代中抗炭疽菌叶枯病受隐性单基因控制的结论，这与 Dantas 等（2009）研究认为'嘎拉''富士'等苹果品

种对炭疽菌叶枯病的抗性是由一对隐性基因控制的结果相一致。作者认为抗病基因型为 rr，感病基因型为 RR 或 Rr，由此推测供试杂交群体的亲本品种（系）'富士''金冠''嘎拉''QF-2'的基因型分别为 rr、Rr、RR 和 rr，'秦冠'的基因型为 Rr。由于苹果在遗传构成上高度杂合，又是自交不亲和植物，杂种树童期较长，对苹果树抗病遗传规律的研究很难采用和借鉴其他作物的遗传群体创建方法，如通过自交，回交，侧交等手段获得 F_2、BC 等分离群体。本试验采用 4 个不同的杂交群体后代对炭疽菌叶枯病的抗性进行表型鉴定，这一方法可以为类似的果树抗病性遗传研究提供参考。

第三章　苹果抗炭疽菌叶枯病基因的 SSR 标记筛选及遗传定位

　　培育抗病品种是一种经济有效的手段，成为解决苹果炭疽菌叶枯病的首选。传统的抗病育种主要依赖于植株的表现型选择（Phenotypical selection），但是由于环境条件、基因间互作、基因型与环境互作等多种因素大大影响表型选择效率。如抗病性的鉴定就受发病的条件、植株生理状况、评价标准等条件的影响。一个优良抗病品种的培育往往需要花费 7~8 年甚至十几年时间。随着分子生物技术的快速发展，以 DNA 多态性为基础的分子标记技术以其表现稳定、数量多、多态性高等优点已被广泛的运用于植物遗传图谱的构建、控制重要农艺性状基因的标记遗传定位、种质资源的遗传多样性分析以及品种指纹图谱的绘制等方面，尤其是分子标记辅助选择（molecular marker-assisted selection，MAS）育种，相较传统育种能极大地提高育种的选择效率与育种预见性，受到人们的高度重视。

　　简单重复序列（simple sequence repeats，简称 SSR）又称微卫星（microsatellite）广泛地分布于果树基因组的不同位置。SSR 位点多态性的形成是基于基本单元重复次数的不同。由于每个 SSR 位点两侧一般都具有相对保守的单拷贝序列，所以可以根据此特点在 SSR 两侧序列设计一对特异引物来扩增 SSR 序列。通过对 PCR 产物进行聚丙烯酰胺凝胶电泳或琼脂糖凝胶电泳来显示不同 SSR 标记的分子多态性。由于 SSR 标记具有大量的等位差异、多态性好、操作简便、稳定等特点，已被广泛应用于作物的遗传图谱构建、指纹图谱绘制、目标性状基因的标记定位、物种起源进化及品种纯度鉴定等（Hemmat，1994）。

本试验利用 SSR 标记与集团分离分析法 BSA（bulk segregant analysis）相结合，快速有效地寻找与质量性状遗传的目标基因紧密连锁的 SSR 标记，用于分子标记辅助育种及抗病性的早期鉴定。

第一节　材料与方法

一、植物材料

本试验选择青岛农业大学苹果试验基地（山东省胶州市）2009年种植的，经过室内离体接种鉴定的'金冠'×'富士'的 207 株 F_1 杂交群体实生树为材料，于 2015 年 4 月底，每株采摘幼叶 5~6 片，用液氮处理后，置于-70℃冰箱保存。

二、DNA 的提取及检测

1. 总 DNA 的提取

参考 Doyle 和 Doyle（1987）及 Cullings（1992）提取基因组 DNA 的 CTAB 法，并加以改进（附录一）。

2. DNA 纯度及浓度的测定

（1）利用 1%琼脂糖凝胶电泳检测。取 4μl DNA 样品与 2μl 6×Lodding buffer 混匀，在 1%浓度的琼脂糖凝胶中电泳（120V，30min），最后在紫外凝胶成像系统中成像并记录保存。

若成像为一条整齐、单一、清晰的 DNA 条带，且点样孔没有亮光，则表明所提样品较纯；若条带不清晰、拖尾或出现涂抹带，则表明 DNA 发生了降解，降解严重会看不到条带；若在胶片下部有弥散的荧光区出现，则表明样品中存有 RNA 杂质；若点样孔处有明显的亮光，则说明样品中含蛋白质和大分子杂质。

琼脂糖凝胶电泳检测方法见附录二。

（2）分光光度计检测。运用分光光度计 NanoDrop 2000 进行 DNA 纯度及浓度的量化测定。

若 OD260/OD280 值在 1.8 ~ 2.0，并且 OD260/OD230 值大于 2.0，则表示此样品 DNA 纯度适宜。

三、抗感 DNA 池的构建

将提取、纯化的基因组 DNA，稀释到浓度为 10ng/μl。根据该组合群体的离体接种鉴定结果，将杂交后代单株分为抗病和感病两大类型。按照 BSA 分析方法的要求，选取 10 份高抗单株（无任何病斑）的 DNA，等量混合构建 DNA 抗池；选取 10 份高感单株（病斑个数大于 20）的 DNA 等量混合构建 DNA 感池。两个基因池用于筛选与目标基因连锁的分子标记。

四、SSR 分子标记的筛选与开发

1. SSR 分子标记开发

从 网 站 https：//www. rosaceae. org/gb/gbrowse/malus ＿ x ＿ domestica/下载目标区域的 contig 序列，然后通过网站 http：//archive. gramene. org/db/markers/ssrtool 搜索该区域碱基序列中所有的 SSR 位点。搜索参数设置为：碱基重复单位为 2、3、4、5、6 个碱基，相应的重复次数依次为 8 次、6 次、4 次、3 次、3 次。利用 Primer 3.0 Plus 软件设计 SSR 引物，引物设计时应注意：引物与 SSR 位点间的距离一般大于 50 bp 个碱基序列。引物 GC 含量为 40%~70%，最适值为 50%；引物长度在 18~24 bp；退火温度 50~65℃，左右引物退火温差小于 5℃；扩增产物片段大小在 150~350 bp。引物的评估利用 Oligo 软件进行，避免引物二聚体、发夹结构和错配等情况的发生。引物序列（附表 1）。所有引物由生工生物工程（上海）股份有限公司合成。

2. PCR 扩增

SSR 反应体系为 15 μl，内含 10 ng/μl 基因组 DNA 2 μl，1×Master Mix 7.5 μl，0.2 μmol/L 左右引物各 0.8 μl。进行初步筛选时的 PCR 扩增程序为：94℃ 预变性 5min，然后按 94℃ 变性 30 s，55℃ 退火 40 s，72℃ 延伸 30 s 的程序进行 10 个循环，每个循环的退火温度降

低 0.5℃，然后按 94℃变性 30 s，50℃退火 40 s，72℃延伸 30s 的程度进行 25 个循环，最后 72℃延伸 8 min，筛选能扩增出有差异条带的 SSR 引物。最终筛选的 PCR 扩增程序为：94℃预变性 5min，然后按 94℃变性 30 s，相应的退火温度 40 s，72℃延伸 30 s 的程序进行 35 个循环，最后 72℃延伸 8 min，4℃保存。PCR 产物使用 3.5%的琼脂糖凝胶电泳，或者聚丙烯酰胺凝胶电泳。

3. 聚丙烯酰胺凝胶电泳

聚丙烯酰胺凝胶电泳的方法见附录三。

4. SSR 标记的筛选

从 HiDRAS 网站（http：//www. hidras. unimi. it/）和 GenBank（http：//www. ncbi. nlm. nih. gov/genbank）网站下载了 300 对均匀分布于苹果 17 条染色体上的已发表的 SSR 引物，在亲本及抗感池中进行初步筛选，选出在抗亲、抗池与感亲、感池中有多态性条带的引物，然后在 207 个做图群体上进行筛选。最终选出与抗性基因位点连锁的标记，根据所筛选出的 SSR 标记的已知信息，确定其所在的染色体，然后将 SSR 标记序列与苹果基因组数据库（http：//www. rosaceae.org）进行 BLAST 比对，将其定位在染色体的具体位置上。初步定位后，从网站 https：//www. rosaceae. org/gb/gbrowse/malus_ x_ domestica/下载与目标基因位点连锁的 SSR 标记间的 contigs 序列，根据 SSR 标记设计的方法，设计了 276 对新引物。这些引物首先在抗亲、抗池与感亲、感池中进行筛选，将产生多态性条带的引物再进行群体验证。

对检测群体中各单株的 SSR 标记基因型分别赋值并记录，与抗池带型相同的记为"A"，与感池带型相同的记为"B"。将这些 SSR 标记在群体上的基因型数据进行孟德尔 1R：1S 遗传符合度的卡方检验。并将表型抗性鉴定结果与标记基因型数据相结合，采用 JoinMap 4.0 软件，对标记及抗性基因 R_{gls} 位点的连锁关系进行分析。利用软件中的 Kosambi 函数功能将重组率转化为遗传距离，其他参数设置为默认值。

5. SSR 标记的序列分析

将筛选获得的与抗性基因 R_{gls} 位点最近的两个 SSR 标记，在两个亲本上进行 PCR 扩增。将差异片段进行胶回收。回收产物连接到载体 pMD-19T simple，然后转化到大肠杆菌进行扩繁。将菌液 PCR 检测为阳性的克隆送生工生物工程（上海）股份有限公司测序。每个样挑取 3 个单菌落作为测序重复。测序结果用 DNAMAN 软件进行比对分析。具体操作方法见附录四。

第二节　结果与分析

一、基因组 DNA 的检测

用 CTAB 法提取的苹果叶片基因组 DNA 经 1% 的琼脂糖凝胶电泳检测，结果表明，DNA 条带清晰，完整无降解（附图 3-1）。可以用于后续的研究。

二、抗性基因的分子标记筛选

从 HiDRAS 网站（http：//www.hidras.unimi.it/）下载的 300 对均匀分布于苹果 17 条染色体上的已发表的 SSR 引物在亲本及抗感池中进行初步筛选，选出 54 对在抗亲、抗池与感亲、感池中有多态性条带的引物。再将这 54 对引物用于作图群体的 207 个单株以筛选与抗性基因位点连锁的 DNA 标记。最终筛选出 2 个可以清晰区分抗感双亲、抗感池和杂交群体抗感单株的 DNA 标记，CH01d08 和 CH05g05。引物序列如表 3-1 中所示，因为这两个标记已被报道位于苹果 15 号连锁群上（Liebhard et al.，2002），所以将苹果炭疽菌叶枯病抗性基因（命名为 R_{gls}）位点定位于 15 号连锁群上。连锁分析表明这两个标记分别位于 R_{gls} 基因位点两侧，通过 BLAST 算法与苹果基因组数据库（http：//www.rosaceae.org）进行比对，SSR 标记 CH01d08 位于 15 号染色体的 Contig MDC021953.346 上，标记 CH05g05 位于 MDC016699.237 上，物理位置分别位于染色体的 2 343 kb 和 13 699 kb 处，两个标记覆盖了染色体上 11.3Mb 区域（表 3-1）。

根据苹果基因组 CH01d08 和 CH05g05 标记之间的核苷酸序列，自行设计了 276 对 SSR 引物。按照上述方法进行筛选，最终筛选出 9 对引物能够扩增出清晰稳定的多态性条带的引物（附图 3-2、附图 3-3），分别为 S0607039、S0607001、S0506206、S0506001、S0506078、S0405195、S0405127、S0304673、S0304011（表 3-1）。连锁分析表明，标记 S0405127 和 S0304673 与 R_{gls} 基因位点的距离最近，位于该基因两侧，分别存在 2 个、4 个重组个体。通过对这 11 个 SSR 标记在做图群体上的基因分型比例分析，符合 1R：1S 的理论比值，P 值大于 0.05（表 3-2）。

表 3-1　定位在 15 号连锁群上与 R_{gls} 基因连锁的 SSR 标记序列及引物

SSR 编号	引物序列	重复基序	产物长度/bp	退火温度/℃	位点
CH01d08[a]	F：5′-CTCCGCCGCTATAACACTTC-3′ R：5′-TACTCTGGAGGGTATGTCAAAG-3′	ag	290	56	MDC021953. 346 chr15：13688903..13699651
CH05g05[a]	F：5′-ATGGGTATTTGCCATTCTTGC-3′ R：5′-CCTGAAGCAAGGGAAGTCATAC-3′	ag	143	56.5	MDC016699. 237 chr15：2343805...2349433
S0607039	F：5′-AACGCACCGACCCATTTC-3′ R：5′-CCAGCTCGCATAACCACC-3′	ct	186	54	MDC011529. 272 chr15：6103161..6122652
S0607001	F：5′-ATGAAAGCGAGTCGGAGTG-3′ R：5′-GGGGAGGGTTGGTGGTTA-3′	caggtcaggt	269	56	MDC004171. 329 chr15：5986277...6005012
S0506206	F：5′-GCTGAGATTTCCCCCATT-3′ R：5′-GCTGCGGACACTGCTTAG-3′	ttggatgtg	243	54	MDC007696. 347 chr15：5714203...5748693
S0506078	F：5′-AGAAAGGCCCTCAAACAG-3′ R：5′-CTGCAGAAGCTGGGTATG-3′	aaaagc	304	55	MDC002692. 183 chr15：5005415..5011924
S0506001	F：5′-CATGAAAAGGTAGGCAGTGG-3′ R：5′-GAGGTTCTTGGGCAAGTGTT-3′	acaaccaa	304	54	MDC013564. 245 chr15：5006247..5017709
S0405195	F：5′-AGACGGGCAAATTAGTTGAGAT-3′ R：5′-TCCCTTCTATGATGAATGACACC-3′	tg	258	53	MDC016041. 193 chr15：4672532..4691912
S0405127	F：5′-GGCACAATGTAGGAGGGATA-3′ R：5′-GCTATGAGGAAATTGGCTCT-3′	at	330	55	MDC043871. 6 chr15：4622388..4626535
S0304673	F：5′-GTTTGCACATTGTAATGCTG-3′ R：5′-CAGTTTTCTAGTGATGTCGTTG-3′	tg（ga）	333	53	MDC013859. 580 chr15：4121053..4135560

（续表）

SSR 编号	引物序列	重复基序	产物长度/bp	退火温度/℃	位点
S0304011	F：5′-GCCGAATCTGCGGAATTG-3′ R：5′-TCCCACTTCCTCACCGTCTC-3′	ag	210	56	MDC015994.315 chr15：3183972..3196801

ª Liebhard et al.（2002）

表 3-2　SSR 标记在 207 株‘金冠’בˈ富士’F₁ 群体中的分离

SSR marker	Observed ratio（R：S）	Expected ratio（R：S）	χ^2	P
S0304011	84：123	103.5：103.5	3.67	0.06
Ch05g05	90：117	103.5：103.5	1.76	0.18
S0304673	93：114	103.5：103.5	1.07	0.30
S0405127	91：116	103.5：103.5	1.51	0.22
S0405195	88：119	103.5：103.5	2.32	0.13
S0506078	94：113	103.5：103.5	0.87	0.35
S0506001	92：115	103.5：103.5	1.28	0.26
S0607001	88：119	103.5：103.5	2.32	0.13
S0607039	98：109	103.5：103.5	0.29	0.59
S0506206	95：112	103.5：103.5	0.7	0.40
Ch01d08	104：103	103.5：103.5	0	0.96

χ^2（P = 0.05，df=1）= 3.84

三、遗传距离计算和抗性基因位点连锁图谱构建

将 R_{gls} 位点附近的 11 个 SSR 标记在‘金冠’ב富士’杂交组合 F₁ 群体的 207 个单株上进行连锁分析。将表型抗性鉴定结果与标记基因型数据相结合采用 JoinMap ver. 4.0 软件计算出重组率和遗传距离如附图 3-4 所示。连锁图谱上标记的顺序依次为 S0304011、CH05g05、S0405195、S0304673、S0405127、S0506078、S0506001、S0506206、S0607001、S0607039、CH01d08，重组率分别为：13.0%、8.7%、5.3%、1.9%、1.0%、6.8%、6.8%、7.2%、7.7%、8.7%、24.6%。遗传距离分别为 15.4 cM、7.2 cM、3.1 cM、0.9 cM、0.5 cM、3.0 cM、4.8 cM、

6.4 cM、8.2 cM、10.7 cM 和 33.8 cM。R_{gls} 基因被定位于 S0304673 和 S0405127 之间。距离目标基因最近的标记为 S0405127，在抗性基因 R_{gls} 位点与 S0405127 标记之间仅发现两个重组个体，遗传距离为 0.5 cM。S0304673 的遗传距离为 0.9 cM。在 'Fiesta' × 'Totem' -15（F×T）（Fernández-Fernández et al., 2008）的遗传图谱中，SSR 标记 CH05g05 与 Ch01d08 的遗传距离为 33.7 cM，而在本研究中二者之间的遗传距离为 41.0 cM（附图 3-4）。

为了确定抗性基因 R_{gls} 位点的物理位置，将 11 个标记序列与金冠苹果染色体基因组序列（http://www.rosaceae.org）进行 BLAST 比对，确定这些标记位于 15 号染色体上的 2.3~13.6 Mb。R_{gls} 被定位于标记 S0405127 和 S0304673 之间，跨度为 4.1~4.6 Mb，两标记间的物理距离为 500 kb（附图 3-5）。

四、SSR 标记的测序分析

对 S0304673 和 S0405127 进行测序分析。S0304673 标记能够在双亲中扩增出差异条带，而 S0405127 标记只在 '金冠' 上扩增出一条带，所以对 S0304673 标记在双亲中的扩增产物进行了测序，而只对 S0405127 标记在 "金冠" 上的扩增产物进行了测序（附图 3-6、附图 3-7）。

测序结果表明，SSR 标记 S0304673 和 S0405127 的扩增片段大小分别为 333 bp 和 330 bp。标记 S0304673 在 '富士' 中的扩增片段比在 '金冠' 中的扩增片段存在三处 8~10 bp 的碱基缺失，分别是 CTCAGTGTGT、AGAGAAAG、CTTCTTACTT，另外还存在着一处两个碱基差异和六处单碱基差异。在 '金冠' 中的扩增片段与参考基因组序列比对发现，有两处单碱基的差异，分别为 A/T 和 G/A 的碱基变化。标记 S0405127 在 '金冠' 中的扩增片段与参考基因组序列比对发现，除在参考基因组中有两未知碱基以外，其余完全一致。本次测序确定了参考基因组序列的两处未知碱基分别为 G 和 A。

第三节　讨论与小结

集团分离分析法（BSA 法）是分子标记研究中的最经典的研究方法之一。其最大的贡献在于能够快速、有效地检测到与目的基因相连锁的分子标记，能够在连锁图谱中标记稀疏区或末端寻找到新的标记，并以此作为侧翼标记（flanking marker），为继续寻找更紧密的连锁标记、构建高分辨率的连锁群、物理图谱和进行基因的图位克隆奠定基础（廖毅，2009）。其原理简单、操作方便，而且克服了许多物种没有或者难以创建近等基因系的限制，被广泛地应用于作物育种中。同时必须注意到，物种基因组大小对标记与目标基因连锁距离是有影响的，一般来说基因组大，多态性少的物种，获得与目标基因紧密连锁标记的可能性也比较小。BSA 法所能检测到的分子标记与目标基因的可信遗传距离一般在 15～25 cM，所以此法并不是在每一物种上都能获得所需要的目的标记（Mackay and Caligari，2000）。DNA 池的质量对 BSA 法的检测效率也有很大的影响。所以在实验过程中一定要注意，一是保证 DNA 的纯度和浓度。杂质会影响紫外光的吸收率，高浓度的 DNA 溶解不均匀。因此混池时，尽可能使用高纯度 DNA，并适当稀释，否则会影响分池的精确性。二是避免 DNA 池污染。DNA 污染的原因有多方面，包括基因重组率、本身的表型效应、性状鉴定误差、DNA 混合误差、PCR 效率不均等。我们可以通过减少 PCR 循环次数、减少混池单株数、构建多池、重复实验等方法来降低实验误差，否则这些误差将会导致多态性被覆盖而找不到目标标记。

随着分子生物学技术的快速发展，许多分子标记被成功的应用于控制农艺性状的重要基因的遗传定位及遗传图谱的构建。如 RAPD 标记、RFLP 标记、SCAR 标记、CAPs 标记、SSR 标记、SNP 标记等。在这些标记中，SSR 标记具有重复性好、可靠性高、共显性和适合自动化操作等优点，成为基因定位和遗传图谱构建的首选。而且，SSR 标记广泛从布于整个基因组。据统计，大约有 163 426 个 SSR 位点公布在苹果 17 条染色体上（关玲等，2011）。苹果基因组序列的公布，使 SSR 标记的批量开发及相应引物的设计变的更加便捷（Guan et al.，2011）。人们可以利用已有的 SSR 标记对整个基因组进行筛查，快速的将目标基因所在区域进行锁定。然后在该区域查找 SSR 并设计合成新的引物，进一步缩小基因所在范围。在本研究中，576 个 SSR 标记，包括 300 对以前发表的标记和 276 对新开发的标记被首次应用于抗炭疽菌叶枯病基因位点的定位。从 300 对已发表并定位的 SSR 标记中成功的获得了 2 个与抗性基因 R_{gls} 位点连锁的 SSR 标记，CH01d08 和 CH05g05。这两个标记被定位于'Fiesta'בTotem'遗传图谱的第 15 条染色体上的基因组序列 MDC021953.346 和 MDC016699.237 上，位于抗性基因 R_{gls} 位点的两侧。这一初步定位的结果为后续标记的开发提供了非常重要的信息，明确了 R_{gls} 基因所在的染色体及区域范围。随后 9 个位于 CH01d08 和 CH05g05 之间与 R_{gls} 位点连锁的新标记被开发出来。最近的标记与抗性基因 R_{gls} 位点间的遗传距离为 0.5 cM。

在前人的研究中，SSR 标记 CH01d08 和 CH05g05 被定位在'Fiesta'בTotem'的遗传图谱中，遗传距离为 33.7 cM. 而在本研究中，它们间的遗传距离为 41.0 cM。这种类似的现象 Paolo 等（2013）也报道过。他们在利用四个分离群体构建与柱型基因 Co 位点紧密连锁的遗传图谱时发现，特定标记间的遗传距离会因不同群体，甚至同一群体不同群体大小而不同。这有可能是由于采样不同或遗传因素控制的局部的和全基因组的重组频率不同造成的（Doligez et al.，2006；Vezzulli et al.，2008；Moriya et al.，2009）。

理论上，标记在基因组上的遗传位置与物理位置应该是对应的。但是在本研究中发现，部分标记的遗传位置与物理位置并不是一一对应的。从附图 3-4 和附图 3-5 中可以看出，共有 8 个 SSR 标记的连锁图谱上的位置与在'金冠'基因组序列中的物理位置是一致，另外 3 个标记，S0506078、S0405195 和 S0304011 在遗传图谱上的位置与物理图谱上的位置不一致。这有可能是由于当前的苹果基因组重叠群序列产生装配错误，也有可能是苹果基因组中染色体结构的变异造成的。对引物 S0405127 和 S0304673 在亲本金冠的扩增片段进行测序发现，所测序列中有四处碱基与参考基因组存在差异。这四个差异碱基及上述的三个与理论顺序不符的标记有可能会纠正基因序列组装错误。

在本研究中位于抗性基因 R_{gls} 位点两侧的标记 S0405127 和 S0304673 间遗传距离与物理距离的对应关系显示，1.4 cM 对应着 500 kb 个碱基（物理距离/遗传距离 = 357 kb/cM）。在对苹果抗黑星病基因 Vf 位点的分子标记遗传定位的研究结果中显示，每 cM 的遗传距离对应 423~857 kb 的物理距离（Patocchi et al., 1999）。而在对控制苹果柱型基因 Co 位点的遗传定位研究中，每 cM 的遗传距离对应 702 kb 的物理距离（Paolo B et al., 2013）。这与本研究中所得出的结论不相符。这有可能与研究材料的群体大小、DNA 提取的纯度及表型鉴定的准确性有关。

本研究中所利用的 SSR 标记，特别是新设计的 276 对引物，有很大比例在亲本间能扩增出多态性条带，而在抗感池间无差异。虽然这部分标记与抗性基因 R_{gls} 不存在连锁关系，但仍可用于群体遗传图谱的构建，以及其他性状标记的筛选。在对 PCR 产物的检测中，使用了 3.5% 的琼脂糖凝胶电泳和聚丙烯酰胺凝胶电泳两种方式。采用 3.5% 的琼脂糖凝胶电泳条带清晰，分辨率高，可以清楚的显示差异条带，而且操作简单，电泳速度快，但是存在显示的条带少的缺点。而聚丙烯酰胺凝胶电泳产生的条带很多，分辨率极高，甚至能分离 1bp 的碱基差别，但是制备和操作复杂。本试验主要采用 3.5% 的琼脂糖凝胶电泳，所以可能会导致一些引物因产生的多态性条带间差异小，没有显示出来而被淘汰。

本研究首次开展了与抗炭疽病叶枯病基因 R_{gls} 位点紧密连锁的分子标记的筛选，并构建了第一张与抗性基因 R_{gls} 位点紧密连锁的分子标记遗传图谱。通过对 207 株 '金冠' × '富士' 杂交组合 F_1 群体的验证，11 个与 R_{gls} 位点连锁的标记将该基因定位在苹果基因组第 15 条染色体上，覆盖了 49.2 cM 的遗传距离，标记 S0405127 和 S0304673 分别位于抗性基因位点的两侧，遗传距离分别为 0.5 cM 和 0.9 cM，对应于'金冠'苹果基因组的物理距离为 500 kb。这两个标记可以应用于抗炭疽菌叶枯病分子标记辅助育种,在定植前对幼苗进行抗性筛选。这将会显著的降低苹果抗炭疽菌叶枯病育种的成本,缩短育种时间。本研究结果对深入开展抗炭疽菌叶枯病的遗传机理和分子机制研究有重要的意义,并为进一步的抗性基因的图位克隆和基因功能验证奠定基础。

第四章　基于 WGR 技术开发与苹果抗炭疽菌叶枯病基因相关联的 SNP、Indel 标记及抗病候选基因的鉴定

　　SNP（单核苷酸多态性）主要是指在基因组水平上由单个核苷酸的变异所引起的 DNA 序列多态性，包含单个碱基的转换、颠换等。InDel 是指插入/缺失（Insertion/Deletion）基因组中小片段的插入和缺失序列，个体重测序中特指 1～50 bp 的小片段插入和缺失。在生物的进化进程中，生物全基因组水平上积累了大量的微小变异，主要包括 SNP 和 InDel。这些微小变异的变异程度决定了物种之间在表型和生理结构等方面的差异，为新物种的形成提供了最原始的动力，是物种多样性的本质体现。

　　SNP 标记是基因组 DNA 序列中分布最广泛的一类标记，植物基因组中平均每数百 bp 就存在着一个 SNP（Huang et al.，2010；Qi et al.，2013）。InDel 标记也是一种重要的遗传标记，已被广泛应用于图位克隆、基因定位、动植物遗传多样性的鉴定、分子标记辅助育种等领域（Jander et al.，2002；Schnabel et al.，2005；王岩等，2009；王明军等，2010）。随着高通量测序技术的快速发展，利用全基因组重测序（whole genome re-sequencing，WGR）技术结合混合分组分析法（bulked segregate analysis，BSA）可高效检测出通过双亲杂交建立的后代群体中导致表型变异的 QTL 和突变位点（Abe et al.，2012；Takagi et al.，2013），并且可以识别大量的 SNP 和 InDel 位点，从而进行 SNP 及 InDel 标记的开发，获得基因区间的 SNP 及 InDel 标记。

　　本研究利用 WGR 技术及 BSA 法相结合，获取与抗炭疽菌叶枯病

基因相关的 SNP 和 InDel 位点，并通过对 △（SNP-index）图谱分析，快速锁定抗病区域，再通过 ANNOVAR 软件分析，提取注释信息，筛选出候选的抗病基因。并利用实时荧光定量 PCR（qRT-PCR）技术对候选基因经过炭疽叶枯病病原菌侵染后的不同时间段基因表达量的变化进行分析，寻找响应炭疽叶枯病病原菌侵染的抗病相关基因并对其进行详细的功能分析，以期揭示苹果抗炭疽菌叶枯病的分子机制。

第一节　材料和方法

一、植物材料

用于全基因组重测序的材料为'金冠''富士'及第三章中经过抗病鉴定的'金冠'×'富士'的 F_1 代群体中极端抗炭疽菌叶枯病的 20 个单株和极端感炭疽菌叶枯病的 20 个单株。取其嫩叶 3~5 片，液氮速冻，置于-70℃冰箱保存，用于提取 DNA。

用于 qRT-PCR 分析的材料为'富士'和'金冠'带嫩叶的一年生健壮新梢各 30 枝，用于室内人工离体接种。接种方法同第二章，分别于接种后 0 h、12 h、24 h、36 h、48 h、60 h、72 h 七个时间点采集叶片，液氮速冻后，用于提取 RNA，检测基因表达。

二、DNA、RNA 的提取，cDNA 的合成及抗感池的构建

1. DNA 的提取及纯度、浓度的测定

参考 Doyle 和 Doyle（1987）及 Cullings（1992）提取基因组 DNA 的 CTAB 法，并加以改进，详见第三章。

利用 1%琼脂糖凝胶电泳检测 DNA 的纯度和完整性。条带单一、清晰明亮、无降解、无污染的 DNA 样品作为合格样品用于后续研究。运用 NanoPhotometer® 分光光度计（IMPLEN，CA，USA）对 DNA 的纯度进行检测。DNA 经过 Qubit® DNA Assay Kit in Qubit® 2.0 Flu-rometer（Life Technologies，CA，USA）进行浓度的精确定量。将 DNA

浓度调整为100 ng/μl。

2. RNA 的提取与检测

苹果嫩叶总 RNA 的提取方法如下。

（1）将500 μl 裂解液 RLT Buffer、50 μl PLANTaid、5 μl β-巯基乙醇，依次加入灭菌的 1.5 ml 离心管中，混匀，待用。

（2）将冻存于-70℃下的苹果嫩叶 0.2 g 置于预冷的研钵中，加少量液氮快速研磨成细粉状后转入上述待用的的离心管内（样品容易褐化，动作要迅速，并保证液氮挥发完全）。

（3）56℃温育 5~10 min，期间不断剧烈震荡混匀，以保证充分裂解。

（4）12 000 r/min 离心 10 min，将离心管缓慢从离心机中取出，将上清液转到新离心管中（吸取上清液时一定要缓慢，尽量不要吸到底部沉淀）。

（5）较精确估计上清液体积，加入 0.5 倍体积的无水乙醇，盖盖，上下颠倒混匀，此时可能会出现沉淀，但是不影响提取的过程。

（6）将混合物（每次上样应小于 800 μl，可分两次加入）加入吸附柱中，12 000 r/min 离心 60 s，弃废液。

（7）在吸附柱中加 700 μl 去蛋白液 RW1，室温下放置 5 min（可稍延长时间，去除吸附柱上的蛋白污染），12 000 r/min 离心 30 s，弃废液。

（8）在吸附柱中加入 500 μl 漂洗液 RW（加过无水乙醇），12 000 r/min 离心 30 s，弃废液。再加入 500 μl 漂洗液 RW，重复 1 遍。

（9）将吸附柱放回空收集管中，12 000 r/min 空离心 2 min，尽量除去吸附柱中残留的漂洗液。

（10）将吸附柱放入一个 RNase free 离心管中，在吸附膜上加 40 μl RNase-free water（最好事先在 70~90℃ 中水浴加热），室温放置 2 min，12 000 r/min 离心 1 min，如需 RNA 浓度较高，可重复离心 1 次。

（11）取 4 μl RNA 加入 6×RNA Loading Buffer，用 1% 琼脂糖凝胶

电泳检测 RNA 提取的质量与纯度，并估测提取浓度。

（12）将检测质量好的 RNA 放入-70℃下保存备用。

3．cDNA 的合成

参照 PrimeScript RT reagent Kit with gDNA Eraser（Perfect Real Time）试剂盒（TaKaRa）。具体操作步骤如下（全程冰上操作）。

（1）基因组 DNA 的去除。在 0.2 ml 灭菌的离心管中依次加入 1 μg 总 RNA，2 μl 5×gDNA Eraser Buffer，1 μl gDNA Eraser，用 RNase-Free 水补足 10 μl，42℃，2 min（或者室温 5 min）；4℃。

（2）反转录反应。在 0.2 ml 灭菌的离心管中依次加入 10 μl 步骤 1 的反应液，1 μl PrimerScript RT Enzyme Mix I，1 μl RT Primer Mix，4 μl 5×PrimerScript Buffer 2（for Real Time），用 RNase Free 水补足 20 μl。37℃，15 min；85℃，5 s；4℃。

（3）质量检测。用 β-actin 基因的引物对反转录的 cDNA 进行 PCR 扩增，并用 1% 的琼脂糖电泳检测，选取质量好的样品在-20℃下保存备用。

4．抗感池的构建

将'金冠'בアメ士'的 F_1 代群体中选取出的 20 个极端抗病的单株和 20 个极端感病的单株 DNA 等量混合构建成两个表型池。

三、文库构建及库检

检验合格的 4 份 DNA 样品每份取 1.5 μg 进行基因文库的构建。通过 Covaris 破碎机将 DNA 样品随机打断成长度为 350 bp 的片段。采用 TruSeq Library Construction Kit 进行建库，严格使用说明书推荐的试剂和耗材。DNA 片段经末端修复、加 ployA 尾、加测序接头、纯化、PCR 扩增等步骤完成整个文库制备。构建好的文库通过 illumina HiSeq™ PE150 进行测序（附图 4-1）。

文库构建完成后，先使用 Qubit 2.0 进行初步定量，稀释文库至 1 ng/μl，随后使用 Agilent 2100 对文库的插入片段（insert size）进行检测，符合预期后，使用 Q-PCR 方法对文库的有效浓度进行准确定量（文库有效浓度>2 nM），以保证文库质量。

四、上机测序

4 个文库检验合格后，把不同文库按照有效浓度及目标下机数据量的需求 pooling 后进行 Illumina HiSeq TM PE 150 测序。围绕 350 bp 的片段进行双末端 125 bp 测序。表型差异的两个亲本测序深度为 10 X，抗感池测序深度为 20 X。

五、生物信息分析流程

信息分析的主要步骤如下（附图 4-2）。

步骤一：对下机得到的原始测序数据（Raw data）进行质控得到有效测序数据（Clean data）。

步骤二：将 Clean data 比对到参考基因组上。

步骤三：根据比对结果，进行 SNP、InDel 的检测，分析 SNP、InDel 的分布情况并进行注释。

步骤四：对子代 SNP 频率差异进行分析。

步骤五：根据分析结果对目标性状区域进行定位。

步骤六：确定候选基因。

六、原始数据的获得与处理

测序得到的原始测序序列（Sequenced Reads 或者 raw reads），里面含有带接头的、低质量的 reads。为了保证信息分析质量，必须对 raw reads 过滤，得到有效测序序列（clean reads），后续分析都基于 clean reads。数据处理的步骤如下。

一是去除带接头（adapter）的 reads pair。

二是当单端测序 read 中含有的 N 的含量超过该条 read 长度比例的 10% 时，需要去除此对 paired reads。

三是当单端测序 read 中含有的低质量（Q≤5）碱基数超过该条 read 长度比例的 50% 时，需要去除此对 paired reads。

七、与参考序列的比对

有效测序数据通过 BWA（http：//bio-bwa. sourceforge. net/）软

件（Li and Durbin，2009）与'金冠'苹果的基因组（https：//
www. rosaceae. org/data/download）进行比对，确定 reads 在基因组上的
位置。比对结果使用 SAMTOOLS（http：//samtools. sourceforge. net/）
软件进行 SNP-calling（Li and Durbin，2009），发掘 reads 与参考序列
以及 reads 之间的 SNP 位点，利用 SAMtools 软件中的"rmdup"指令
去除序列文件中的重复。

八、SNP 和 InDel 的检测及注释

人们采用 GATK3. 3 软件（McKenna et al.，2010）的 UnifiedGeno-
typer 模块进行多个样本 SNP 和 InDel 的检测，使用 VariantFiltration 进
行过滤，SNP 的过滤参数为：cluster Window Size 4，filter Expression
"QD<4.0 ‖ FS>60.0 ‖ MQ<40.0"，G_ filter "GQ<20"。InDel 的
过滤参数为：cluster Window Size 4，filter Expression "QD<4.0 ‖ FS>
200.0 ‖ ReadPosRankSum<−20.0 ‖ InbreedingCoeff<−0.8"。利用
ANNOVAR 软件（Wang et al.，2010）对 SNP 和 InDel 检测结果进行
注释。

九、SNP 数据统计

SNP 频率的统计：SNP 频率是指所检测到的总的 SNP 数与参考基
因组序列的总长度的比值，是衡量一个物种变异程度和多态性的指
标。转换颠换率的统计：分别统计发生转换和颠换的 SNP 数目。

十、子代 SNP 频率差异分析

1. 子代 SNP 频率计算

子代 SNP 的频率（Takagi et al.，2013），即 SNP-index，是与
SNP 位点的测序深度相关的参数，是指某个位点含有 SNP 的 reads 数
与测到该位点的总 reads 数的比值。以参考基因组作为参照，分析计
算两个子代在每个 SNP 位点的 SNP-index。SNP-index 计算方法如附
图 4-3 所示。若该参数为 0，则代表所有测到的 reads 都来自作为参考
基因组的亲本，即'金冠'。参数为 1 则代表所有的 reads 都来自另一

个亲本，即'富士'。参数为 0.5，代表此混池中的 SNP 来自两个亲本的频率一致。

为减少测序错误和比对错误造成的影响，对计算出 SNP-index 后的亲本多态性位点进行过滤，过滤标准如下。

（1）两个子代中 SNP-index 都小于 0.3，并且 SNP 深度都小于 7 的位点，过滤掉。

（2）一个子代 SNP-index 缺失的位点，过滤掉。

2. 子代 SNP 频率差异分布

计算△（SNP-index），即两个子代 SNP-index 作差：△（SNP-index）＝ SNP-index2（极端抗病性状）－SNP-index1（极端感病性状）。为直观反映△（SNP-index）在染色体上的分布情况，对其在染色体上的分布进行作图。默认选择 1 Mb 为窗口，1 kb 为步长。进行 1 000 次置换检验，选取 95％置信水平作为筛选的阈值。

十一、目标性状区域定位

为了不忽略掉微效 QTL 的影响，在全基因组范围内挑选两个子代在 SNP-index 差异显著的 SNP 位点，即挑选子代 2（极端抗病性状）SNP-index 大于 0.7，且子代 1（极端感病性状）SNP-index 小于 0.3 的位点，并与亲本'富士'为纯合及亲本'金冠'为杂合的位点取交集，做为候选的基因位点。提取 ANNOVAR 的注释结果，优先挑选使基因获得终止密码子的变异（stop loss）或者使基因失去终止密码子的变异（stop gain）或者非同义突变（missense）或可变剪接的位点（Splicing）所在的基因作为候选基因。

十二、基因表达定量分析

从 网 站 https：//www.rosaceae.org/gb/gbrowse/malus_x_domestica/下载候选基因的 mRNA，从基因编码区核苷酸序列的近 3'端位置设计引物，PCR 产物长度在 150~250 bp，引物序列见表 4-1，内参基因为 β-actin 基因。荧光定量 PCR 在罗氏 LightCycler 480 系统上进行，反应体系配制按 SYBR Green PCR Master Mix 说明书进行操

作，具体如下：10.0 μl SYBR Premix Ex Taq Ⅱ（2×），0.8 μl 正反向引物，2.0 μl cDNA，去离子水补足 20 μl。反应程序为 95℃ 预变性 5 min，95℃ 10 s 变性，55℃ 10 s 退火，72℃ 10 s 延伸，扩增 45 个循环。循环结束后进行熔解曲线分析：95℃ 15 s，60℃ 20 s，然后缓慢升温至 95℃。基因的相对表达量用公式：$F = 2^{-\Delta\Delta Ct}$，$\Delta\Delta Ct =$（待测组目的基因 Ct 值−待测组内参基因 Ct 值）−（对照组目的基因 Ct 值−对照组内参基因 Ct 值）。

第二节 结果与分析

一、测序数据质量

Illumina HiSeqTM PE150 测序平台，四个样本共产生 47.115 G 的测序原始数据（Raw data），通过对原始数据中的接头序列，低质量碱基以及未测出的碱基（用 N 表示）进行过滤后，得到有效数据（Clean data）46.974 G，各样本的 Raw data 在 7 774.247~17 017.174 Mb，Clean date 在 7 751.990~16 969.215 Mb，过滤后获得的有效数据比率在 99.64%~99.72%，碱基错配率低于 0.05%。测序质量 Q20 ≥ 95.08%、Q30 ≥ 88.97%，GC 含量在 39.04%~39.16%。这表明所有样本的数据量充足，测序质量很高，GC 分布正常，建库测序成功，保证了后续数据分析的准确性（表 4-1）。

表 4-1　测序数据质量概况

样本	原始数据/bp	有效数据/bp	有效率/%	错误率/%	Q20/%	Q30/%	GC 含量/%
富士	7 774 246 500	7 751 990 100	99.71	0.03	95.43	89.63	39.16
金冠	7 900 566 600	7 871 926 500	99.64	0.03	95.55	89.88	39.05
BR（基因抗池）	17 017 173 900	16 969 215 900	99.72	0.03	95.44	89.62	39.04
BS（基因感池）	14 423 489 400	14 381 167 500	99.71	0.04	95.08	88.97	39.15

注：Q20、Q30：Phred 数值大于 20、30 的碱基占总体碱基的百分比。其中 Phred = −10log10（e），e 为碱基错误率

二、Reads 与参考基因组比对情况统计

将四个样品的有效数据与已经发布的金冠苹果参考基因组序列（https：//www. rosaceae. org/data）进行比对，计算出比对到参考基因组（参考基因组大小为 609 314 018 bp）上的 reads 条数、测序深度及碱基覆盖率。结果表明，四个样品的比对率均在87%以上，两个亲本的测序深度达到 15×以上，抗感池样品的测序深度达到 30×以上。在参考基因组中至少有 1 个碱基覆盖的位点占基因组的比例达到95%以上，至少有 4 个碱基覆盖的位点占基因组的比例"富士"为 88.3%，"金冠"为 91.26%，其他两样品达到 96%以上。这进一步的说明，本试验测序的数据质量很高，可用于后续的变异检测及相关分析（表4-2）。

表 4-2　测序深度及覆盖度统计

样本	比对到 reference 上的 reads 条数①	有效测序数据的 reads 总条数	比对率/%②	平均测序深度/x③	参考基因组中有基因覆盖的位点占基因组百分比/%	因至少有 1 个碱基覆盖的位点占基因组百分比	参考基因组至少有 4 个碱基覆盖位点占基因组的百分比/%
富士	45 596 653	51 679 934	88.23	15.95	95.95		88.3
金冠	45 953 666	52 479 510	87.56	15.67	98.09		91.26
BR（基因抗池）	100 453 407	113 128 106	88.8	34.42	98.8		96.67
BS（基因感池）	89 629 256	101 637 948	88.18	30.88	98.78		96.44

注：①包括单端比对和双端比对

②比对到参考基因组上的 reads 数目除以有效测序数据的 reads 数目

③比对到参考基因组的碱基总数除以基因组大小

三、SNP 频率和转换/颠换率计算

通过全基因组重测序技术共获得 3 399 950 个 SNP 位点，苹果参考基因组总长度为 609 314 018 bp，据此计算出 SNP 出现的频率为 3 399 950/609 314 018＝0.56%。转换（T/C、C/T）和颠换（T/G、

T/A、C/A、C/G）发生频率（附图4-4）的统计结果显示，T/C 和 C/T 转换发生的频率分别为 32.5% 和 34.1%，T/G、T/A、C/A 和 C/G颠换发生的频率分别为 9.2%、9.4%、9.4%、5.4% 。转换/颠换率为 2.0。

四、SNP 及 InDel 检测及注释

利用测序获得的有效数据，比对苹果参考基因组序列，经 ANN-OVAR 软件分析共得到 SNP 位点 3 399 950个，InDel 位点 573 040个，SNP 位点位于内含子上的 465 317个，位于外显子上的 436 309个，其中同义变异 210 404个，非同义变异 220 539个，InDel 位点位于内含子上的 108 996个，位于外显子上的 19 957个，其中插入或缺失 3 或 3 的整数倍的碱基，不改变蛋白质的编码框的有 6 928个。这表明绝大部分变异位于非编码区，或不会导致基因编码的改变，这有利于维持植物体正常的生长发育，保证品种特性的稳定遗传（表4-3）。

表4-3　SNP 及 InDel 检测及注释

类　别		SNP 数量
基因上游		184 156
	获得终止密码子	4 837
	失去终止密码子	529
外显子	同义变异	210 404
	非同义变	220 539
内含子		465 317
剪接位点		2 196
基因下游		177 312
基因上游/基因下游		12 750
基因间区		2 105 122
转换		2 265 734
颠换		1 134 216
转换/颠换/%		1.997
合计		3 399 950

（续表）

类　别		InDel 数量
基因上游		51 816
外显子	获得终止密码子	376
	失去终止密码子	68
	Frameshift deletion①	7 330
	Frameshift insertion	5 255
	Non-frameshift deletion②	3 843
	Non-frameshift insertion	3 085
内含子		108 996
剪接位点		598
基因下游		44 305
基因上游/基因下游		3 896
基因间区		342 800
插入		262 868
缺失		310 172
合计		573 040

注：①Frameshift deletion/insertion：插入或缺失导致蛋白质编码框改变；

②Non-Frameshift deletion/insertion 插入或缺失 3 或 3 的整数倍的碱基，不改变蛋白质的编码框

五、子代 SNP 频率差异分布

△（SNP-index）= SNP-index B（极端抗病性状）-SNP-index A（极端感病性状）。进行 1 000 次置换检验，选取 95% 置信水平作为筛选的阈值。一般情况下，在苹果 F_1 群体中，由于每个位点的碱基均来源于双亲中的一个，所以在基因组中大部分区域的 SNP-index 都在 0.5 附近。如果某个 SNP 位点与抗性相关，那么在该处的 SNP-index 就会显著偏离 0.5，△（SNP-index）就会显著大于此处的阈值。从抗感池中△SNP-index 值在染色体上的分布可以看出，在第 15 条染色体 2~5 Mb 区间内△SNP-index 值显著的大于阈值，预示着该区域内可能存在着与抗炭疽菌叶枯病基因相关的位点（附图 4-5）。这与第三章 SSR 标记所确定的抗性基因所在的区域吻合。

六、目标性状区域定位

1. 候选 SNP 位点的筛选

在全基因组范围内挑选在两个子代池中 SNP-index 差异显著的 SNP 位点，即挑选在抗池中 SNP-index 大于 0.7，在感池中 SNP-index 小于 0.3，△（SNP-index）大于 0.5 的 SNP 位点，并与亲本'富士'为纯合，亲本'金冠'为杂合的位点取交集，共得到 258 个候选的多态性标记位点（表 4-4）。这 258 个 SNP 位点中位于基因上游 1 kb 的 19 个，基因下游 1 kb 的 12 个，位于基因上游 1 kb 区域，同时也在另一基因的下游 1 kb 区域的 2 个，位于基因间区的 173 个。位于外显子上非同义变异的 13 个，同义变异 7 个，位于内含子上的 31 个。其中位于第 15 条染色体上的有 123 个，占整个候选 SNP 位点的 47.7%。

表 4-4　候选多态性标记位点的注释

类　别		SNP 数量
基因上游		19
外显子	获得终止密码子	0
	失去终止密码子	0
	同义变异	7
	非同义变	13
内含子		31
剪接位点		1
基因下游		12
基因上游/基因下游		2
基因间区		173
转换		161
颠换		97
转换/颠换/%		1.659
合计		258

2. 候选基因的确定

提取 ANNOVAR 的注释结果，优先挑选能引起基因获得终止密码子、失去终止密码子的变异，或者非同义突变，或者可变剪接的位点所在的基因作为候选基因。经筛选后得到 33 个 SNP 位点及所对应的 29 个候选基因（表 4-5）。这些 SNP 位点中发生转换的（G/A、C/T、T/C、A/G）共 16 个，占 48.5%，发生颠换的（G/C、C/G、G/T、A/C、A/T、T/G、T/A、C/A）共 17 个占 51.5%，其中有 21 个位于第 15 条染色体上。

表 4-5　候选基因 ID

基因 ID	类型	染色体	SNP 位点	参考基因组碱基型 Ref	突变碱基型 Alt
MDP0000294705	nonsynonymous	2	4 029 182	T	C
MDP0000311597	upstream	2	6 560 007	T	C
MDP0000335197	upstream	2	38 255 166	C	T
MDP0000481284	nonsynonymous	5	11 687 941	T	C
MDP0000266783	nonsynonymous	5	16 570 950	A	C
MDP0000223383	upstream	8	14 935 907	C	T
MDP0000203531	upstream	9	18 259 400	T	G
MDP0000265695	upstream	9	19 790 733	G	A
MDP0000224187	nonsynonymous	10	34 991 229	A	T
MDP0000226279	upstream	11	23 158 805	A	G
MDP0000480608	upstream	12	3 704 417	T	G
MDP0000504610	upstream	12	29 472 316	T	C
MDP0000292279	upstream	15	1 396 770	C	T
MDP0000686092	nonsynonymous	15	3 955 717	A	G
MDP0000686092	nonsynonymous	15	3 955 724	A	G
MDP0000686092	nonsynonymous	15	3 955 738	T	A
MDP0000205432	nonsynonymous	15	4 094 431	T	A
MDP0000120033	upstream	15	4 236 293	A	G
MDP0000864010	nonsynonymous	15	4 257 246	G	A
MDP0000945764	nonsynonymous	15	4 336 468	C	A
MDP0000149107	splicing	15	4 970 310	C	T
MDP0000609131	upstream	15	6 771 435	C	A
MDP0000169753	upstream	15	7 074 724	A	C
MDP0000296372	upstream	15	7 704 309	C	T

（续表）

基因 ID	类型	染色体	SNP 位点	参考基因组碱基型 Ref	突变碱基型 Alt
MDP0000199827	upstream	15	7 710 714	T	A
MDP0000194508	nonsynonymous	15	7 757 532	G	A
MDP0000320004	upstream	15	8 084 422	A	T
MDP0000320004	upstream	15	8 084 636	T	C
MDP0000320004	upstream	15	8 084 637	A	C
MDP0000148808	upstream	15	8 365 795	G	T
MDP0000133266	upstream	15	33 862 275	A	G
MDP0000157213	nonsynonymous	15	49 031 042	C	G
MDP0000169687	nonsynonymous	15	52 444 208	T	C

结合 SSR 标记定位及全基因组重测序中对 △（SNP-index）值分析的结果，从这 29 个候选基因中筛选出位于第 15 条染色体 3.9～4.9 Mb 距离内的 5 个基因 MDP0000686092、MDP0000205432、MDP0000120033、MDP0000864010、MDP0000945764 做为抗炭疽菌叶枯病的最终候选基因。

七、候选基因的功能预测

1. GO 功能富集分析

通过对 5 个候选基因进行 GO 功能富集分析发现，5 个候选基因中有 3 个功能未知。基因 MDP0000120033 具有核酸绑定功能，锌离子结合分子功能，参与 RNA 剪切生物过程，调节基因产物的表达。蛋白结构上具有 CCHC 型结构域的锌指结构，是丝氨酸精氨酸富集剪接因子。进一步同源比对该基因为 SR 基因家族 RSZ 亚家族基因，与拟南芥 AtRSZ21 蛋白的序列一致性达到 60%，与花生 AdRSZ21 蛋白的序列一致性达到 79%。基因 MDP0000864010 具有辅酶绑定功能，蛋白结构上具有烟酰胺腺嘌呤二核苷酸（磷酸盐）NAD（P）绑定区域，属于 NAD 依赖差向异构酶/脱氢酶家族，进一步的同源性比对，该蛋白与鼠李糖生物合成酶 1（rhamnose biosynthetic enzyme 1，

RHM1）有较高同源性（表 4-6）。候选基因编码的氨基酸序列见附录五。

表 4-6 抗炭疽菌叶枯病候选基因的功能注释

基因 ID	基因功能注释
MDP0000686092	功能未知蛋白
MDP0000205432	功能未知蛋白质。
MDP0000120033	核酸绑定功能，锌离子结合分子功能，参与 RNA 剪切生物过程，调节基因产物的表达。具有锌指结构，CCHC 型结构域，丝氨酸精氨酸富集剪接因子。
MDP0000864010	辅酶绑定功能，烟酰胺腺嘌呤二核苷酸（磷酸盐）NAD（P）绑定区域，NAD 依赖差向异构酶/脱氢酶家族，可能与鼠李糖生物合成酶 1 有关。
MDP0000945764	功能未知蛋白

2. 跨膜结构分析

利用 TMHMM 2.0 软件对候选基因进行跨膜结构分析，基因 MDP0000686092 和 MDP0000120033 具有跨膜结构。基因 MDP0000686092 具有 1 个跨膜区，基因 MDP0000120033 具有 3 个跨膜区，位置分别在 153~172、187~209、214~236 的区域内（附图 4-6）。

3. 候选基因对炭疽叶枯病病原菌侵染的响应

表 4-7 荧光定量 PCR 引物

引物名称	引物序列
MDP0000686092 基因荧光定量 PCR 引物	
P1-F	F：5'-CAGGCTGGAGCGAAGTTTA-3'
P1-R	R：5'-CCTTTCTGTGATGGCATTGTT-3'
MDP0000205432 基因荧光定量 PCR 引物	
P2-F	F：5'-GAAAAGCCAGCACCAGAAAC-3'
P2-R	R：5'-CGTATTCGTGGGGTTATAGAGC-3'
MDP0000120033 基因荧光定量 PCR 引物	
P3-F	F：5'-TCTGGGAATGCTGCTAAAACTC-3'
P3-R	R：5'-GCAGGGCAGTAGTGAAGCAC-3'
MDP0000864010 基因荧光定量 PCR 引物	
P4-F	F：5'-CGTGACCAATCGCCTAATA-3'
P4-R	R：5'-GGACGTGAGTGCCGTAGAC-3

（续表）

引物名称	引物序列
MDP0000945764 基因荧光定量 PCR 引物	
P5-F	F：5′-TTTGCCAGCCTGTCAGAAGT-3′
P5-R	R：5′-AGTTGTAGAGGGAGGAGGAAGA-3′
β-actin 基因荧光定量 PCR 引物	
P6-F	F：5′-CACTGCTTCTATGACTGGTTTTGA-3′
P6-R	R：5′-CTGGCATATACTCTGGAGGCTT-3′

对接种炭疽菌叶枯病病菌后 0 h、12 h、24 h、36 h、48 h、60 h、72 h 的'富士'和'金冠'枝条进行采样，提取 RNA，反转录成 cDNA 后，对 5 个候选基因的表达进行实时荧光定量分析。结果显示，5 个基因均不同程度响应病原菌侵染（附图 4-7、表 4-7）。除了基因 *MDP0000864010* 在'富士'叶片中的表达量表现为下调外，其余 4 个基因均为上调表达。在'富士'叶片中，基因 *MDP0000205432*、*MDP0000120033* 和 *MDP0000945764* 的表达量在接种后 24 h 均达到最高值，48 h 降到最低值，然后又缓慢提高。在'金冠'叶片中的表现不同于'富士'，三个基因表达量的最高值出现在 36 h，但最低值同样出现在 48 h，这说明在这 3 个基因在抗病植株中对病原菌的应答要早于感病植株。尽管基因 *MDP0000686092* 和 *MDP0000945764* 在'富士'和'金冠'叶片中也均表现为上调表达，但是在'金冠'叶片中的表达变化更为显著，基因 *MDP0000945764* 在'金冠'叶片中的表达量达到最高值时为接种前的 60 倍，而在'富士'中的提高量为接种前的 10 倍。以上结果说明，5 个候选基因均受炭疽菌叶枯病病菌的诱导，是苹果炭疽菌叶枯病抗病相关基因。

第三节　讨论与小结

SNP 标记的开发主要依赖于含有大量测序序列的数据库。通过全基因组测序，不仅可以获得大量的 SNP 标记，还可以了解到 SNP 标记在整个基因组中的分布情况，有利于我们进一步了解不同物种的生物学特性，以及利用标记进行不同需求的生物学研究。在葡萄的基因组测序中发现，SNP 位点的密度高达 7%（Jaillon et al.，2007）；2010 发表的金冠苹果全基因组序列中，SNP 标记的频率约为 4.4 kD/SM，即 227 bp/SNP（Velasco et al.，2010）；梨的全基因组序列中共检测到 3 402 159 个 SNP 位点，约占基因组序列的 1.02%（Wu et al.，2013）；柑橘中得到的 SNP 位点数量为 106 万个（Xu et al.，2013）。对于有参基因组，通过全基因组重测序手段进行大量 SNP 标记开发，也是研究不同品种间差异的有效途径之一。通过对 6 个玉米自交系的进行全基因组重测序，在非重复序列区域内共获得了 1 272 134 个 SNP 标记（Lai et al.，2010）；对葡萄的 230 个基因片段重测序，数据统计结果显示，每 64 个碱基中就存在着一个 SNP 位点（Lijavetzky et al.，2007）；在水稻中，水稻籼稻恢复系 7302R 通过全基因组重测序，检测到 307 627 个 SNP 位点，其中有 30 239 个位于 mRNA 序列中（Li et al.，2012b）；通过对苹果品种'金冠'和'红玉'进行全基因组重测序，在'金冠'中得到了 2 222 816 个 SNP 位点，在'红玉'中得到了 4 950 346 个 SNP 位点，密度分别为 293 bp/SNP 和 210 bp/SNP（孙瑞，2015）。

SNP 变异从理论上来看主要包括转换、缺失、颠换和插入四种形式，但实际上发生的只有两种，即转换和颠换，二者之比为 2∶1。并且 SNP 在 CG 序列上出现的最为频繁，而且多是 C 转换为 T，主要原因为 CG 中的胞嘧啶常被甲基化，而后自发脱氨基形成胸腺嘧啶 T（Johnson and Told，2000；Mullikin et al.，2000）。从本实验中对 SNP 转换/颠换频率统计结果来看，转换/颠换比为 2.0，发生转换的频率为 66.6%，发生颠换的频率为 33.4%，C/T 转换发生的频率最高为 34.1%。这与前人研究的结论相符。

通过重测序技术可以获得海量 SNP 标记，利用这些标记构建高密度遗传连锁图谱为不同群体的进化分析，不同性状基因的遗传定位，分子标记辅助育种等提供有效信息。'M.27'×'M.116'的高密度遗传图谱是由 306 个 SSR 标记和 2 272 个 SNP 标记组成，图谱密度达到了每 0.5 cM 一个标记（Antanaviciute et al.，2012）。Khan 等

（2012）利用 2 875 个分子标记构建了苹果的整合遗传图谱，其中包含了 2 033 个 SNP 标记和 843 个 SSR 标记，总长为 1 991.38 cM。Clark 等（2014）利用 3 个不同的 F_1 杂交群体和 SNP 芯片分型技术构建了包含 1 091 个 SNP 标记的苹果品种'Honeycrisp'的整合遗传图谱，标记间的平均距离为 1.36 cM。基于高通量基因组重测序技术能够更加准确、全面的对测序物种进行全基因组水平上的位点进行评估，可以精确的完成单核苷酸多态性位点的检测，分子标记的开发，遗传图谱的构建，不同群体间的进化分析，与表型变异相关基因的挖掘以及快速定位等等。本研究通过运用全基因组重测序的方法对有着明显抗感性状分离的'金冠'和'富士'及其由 F_1 代极端表型个体组成的抗感池进行全基因组范围内的遗传变异检测，共筛选得到 SNP 位点 3 399 950 个，InDel 位点 573 040 个。通过对 △SNP-index 图谱的分析发现，在第 15 条染色体的 2~5 Mb 的区间内，△SNP-index 显著的大于阈值，存在着明显的连锁不平衡，意味着该区域可能存在着抗炭疽菌叶枯病基因位点。这一结果与 SSR 标记所定位的抗炭疽菌叶枯病基因位点位置相吻合。

SNP 广泛分布于基因组 DNA 中，且数量巨大。因为任何碱基均有可能发生变异，因此 SNP 既有可能出现在基因的编码区，也有可能在基因的非编码区，或者两个基因之间的序列上。总的来说，位于基因内编码区的 SNP 比较少，且该部分的 SNP 有可能会直接影响产物蛋白质的结构或基因表达水平，因此位于编码区 SNP 的研究更受关注。本试验对可能引起基因获得终止密码子、失去终止密码子、非同义突变、可变剪接的变异位点进行重点筛选，将其所在的基因作为候选基因。通过筛选共得到 33 个候选 SNP 位点和 29 候选基因。结合第三章 SSR 标记对炭疽叶枯病抗性基因的定位，最终锁定了 5 个候选基因：MDP0000686092、MDP0000205432、MDP0000120033、MDP0000864010、MDP0000945764。

锌指结构是一类在很多蛋白中存在的具有指状结构的模体，是具有识别特定碱基序列的一种转录因子结构。锌指的典型功能是作为互作的组件与核酸、蛋白质和小分子等多种物质相结合，参与多种细胞过程，如 DNA 的复制与修复、RNA 转录与翻译、物质代谢与信号转导、细胞的增殖与凋亡等（Krishna et al，2003）。

可变剪切（Alternative splicing，AS）是重要的转录后调控机制，在动物中对其在不同的生理以及病程条件下的可变剪切的调控作用研究的较多（Garcia-Blanco et al.，2004；Nilsen and Graveley，2010）。据报道在拟南芥中超过 42% 的外显子基因存在可变剪切现象（Filichkin et al.，2010）。在植物可变剪切数据库中有很大比例的 AS 参与逆境响应基因的表达，这进一步强调了可变剪切在逆境响应中的重要作用（Wang and Brendel，2006；Duque，2011）。在生物胁迫中，有许多试验证明 AS 参与植物的抵抗和防御机制。例如，在一些 R 基因中如番茄的 N 基因，拟南芥的 *SNC*1、*RPS*4 基因，发现可变剪切的存在（Dinesh-Kumar and Baker，2000；Zhang and Gassmann，2003）。SR 蛋白，丝氨酸/精氨酸富集剪切蛋白（serine/arginine-rich proteins，SR protein）是 RNA 绑定蛋白家族中功能和结构高度保守的一类因子，参与可变剪切过程。例如，*AtSR*30 在高盐碱以及过氧逆境中被上调表达（Tanabe et al.，2007）。SR 在不同的环境条件下的表达量的差异说明了 SR 蛋白在逆境响应中的调控作用。基因 *MDP0000120033* 具有核酸绑定，锌离子结合分子功能，参与 RNA 剪切生物过程，调节基因产物的表达。具有 CCHC 型锌指结构和丝氨酸/精氨酸富集剪接因子，属于 SR 基因家族 RSZ 亚家族基因。丝裂原活化蛋白激酶 *MPK*6 和 *MPK*3 在植物的防御反应中起着重要作用，而拟南芥基因 *AtRSZ*21 在体外试验中被发现能够被 *MPK*6/*MPK*3 磷酸化（Feilner et al.，2005），这就意味着 *AtRSZ*21 也可能参与了植物的防御应答。Kumar 和 Kirti（2012）报道了花生的一个属于 SR 亚家族基因 *RSZ* 蛋白基因 *AdRSZ*21，在植物的超敏反应和抗逆反应中起着重要的作用。

NAD 依赖差向异构酶/脱氢酶家族是真菌病原体镰刀菌致病机制中的一个关键酶（Srivastava et al.，2014）。细胞壁是植物细胞进行正常的生命活动不可缺少的重要组成部分。其不但在维持细胞形态、细胞间黏结、细胞壁的强度和调控细胞伸长等方面起着重要的作用，还参与了细胞的分化、抗病、细胞识别及信号传导等一系列生理、生化过程。细胞壁主要成分包含纤维素、半纤维素、果胶和少量的结构蛋白等。基因 *MDP0000864010* 属于依赖差向异构酶/脱氢酶家族，并且与鼠李糖合成酶Ⅰ（*RHM*Ⅰ）有较高的同源性。可能参与合成鼠李糖，而鼠李糖是细胞壁果胶多聚糖的重要组分之一。所以该候选基因有可能在细胞的组成层面增加个体的抗性。

  基因的相对表达量分析也表明，五个基因都不同程度的响应了病菌的诱导，是与抗炭疽菌叶枯病相关的候选基因。但是其参与抗病的机理和途径仍不清楚，深入的研究将继续展开。

第五章　基因 R_{gls} 位点的精细定位及分子标记可靠性验证

　　高分辨熔解曲线（High Resolution Melting，HRM）分析技术是近年来国际上兴起的一种最新的应用于基因突变检测和 SNP 分析的方法。因为所用的荧光染料只能嵌入并结合到双链 DNA 上，因此利用实时 PCR 技术，就能通过实时检测双链 DNA 熔解过程中荧光信号值的变化，将 PCR 产物中存在的差异以不同形状熔解曲线的方式直观地展示出来，并且可以借助于专业的分析软件对测试群体实现基于不同形状熔解曲线的基因分型或归类（殷豪等，2011）。

　　高分辨熔解（HRM）曲线分析技术具有三个突出的优势：一是高通量、高灵敏度、高特异性、低成本且不受检测位点的限制；二是操作简单、快捷、节省时间成本；三是闭管操作，无污染且 DNA 不受损伤，熔解分析后还可以进行凝胶电泳或测序分析。在 LightCycler® 480 分析仪上一次可以完成 96 个或 348 个样本的分析，从反应开始到数据生成仅需要 90~120 min。目前 HRM 技术在果树的种质鉴别和基因分型研究中已有应用。吴波等（2012）引入高分辨率熔解曲线分型技术对柑橘进行 SNP 分型；Ganopoulos 等（2013）利用 HRM 技术对 9 个甜樱桃基因上的 SNP 位点进行分析，成功的实现了对 21 个甜樱桃品种的鉴别，准确率达到 99.9%；Distefano 等（2013）第一次将 HRM 技术应用于对柑橘品种 SNP 及 InDel 的检测，并利用 21 个 SNP 标记实现了对柑橘不同品种的区别。

　　分子标记辅助选择育种（marker assisted selection，MAS）作为一种高效的现代分子育种技术，已被广泛应用于作物品种选育和遗传改良。它是利用与目标基因紧密连锁的分子标记，来鉴定不同个体的基因型，从而进行辅助选择育种。与通过表现型间接对基因型进行选择的传统育种方法相比，MAS 具有更大的信息量，能有效结合基因型与表型鉴定结果，更加高效和准确，避免选育过程中的盲目性和不可预测性，能够将育种时间从传统的十几年缩短到几年时间，从而显著提高育种效率。分子标记对目标性状鉴定的准确性是影响分子标记辅助选择效率的一个重要条件。

本试验利用 HRM 分析技术对上一章节所开发的 SNP 和 InDel 标记进行筛选和验证，以获得与抗炭疽菌叶枯病基因 R_{gls} 位点紧密连锁的 SNP 及 InDel 标记，对抗病基因进行精细定位，缩小抗性基因位点的区域范围，为基因克隆提供数据。同时利用筛选出的 4 个与 R_{gls} 基因位点紧密连锁的分子标记对 50 个苹果栽培品种和品系进行准确性鉴定，以验证分子标记的可靠性。

第一节　材料与方法

一、植物材料

选择青岛农业大学苹果试验基地（山东省胶州市）2009 年种植的，经过人工离体接种鉴定的'金冠'בJ富士'的 F_1 杂交群体 207 株实生树为材料用于验证 SNP、InDel 标记及进行抗炭疽菌叶枯病基因的精细定位。所用群体与第三章 SSR 标记的开发与遗传定位为同一群体。选择该试验基地栽培的 50 个田间栽培品种和品系做为试材，经人工离体接种鉴定并提取 DNA，用于分子标记准确性的验证。

二、抗感 DNA 池的构建

同第三章。

三、SNP 引物的设计

用于引物设计的 SNP 和 InDel 位点来源于第四章中所筛选出的位

于第 15 条染色体上 3.9~4.9 Mb 候选区域的 18 个 SNP 位点和 30 个 InDel 位点。从网站 https：//www. rosaceae. org/gb/gbrowse/malus_ x_ domestica/下载位于 SNP 和 InDel 位点上游 150 bp 和下游 150 bp 距离内的 contig 序列用于引物设计。引物设计的主要参数为：产物大小 60~150 bp；引物退火温度（Tm）在 55~65℃，且上、下游引物 Tm 相差不大于 2℃；引物 GC（%）含量为 45%~55%，引物大小在 60~160 bp。引物序列（附表 5-1）。所有引物由生工生物工程（上海）股份有限公司合成。

四、高分辨率熔解曲线分析

PCR 扩增和高通量熔解曲线分析在 LightCycler ® 480 Ⅱ 荧光定量 PCR 仪（Roche）上进行。反应试剂来自 LightCycler ® 480 High Resolution Melting Master 试剂盒。反应体系为 15 μl，内含 10 ng/μl 的基因组 DNA 1.0 μl，1× Master Mix 7.5 μl，2.0 mmol/L MgCl$_2$ 1.5 μl，左右引物为 0.2 μmol/L 各 0.5 μl。

PCR 扩增程序为 95℃ 预变性 10 min，然后按 95℃ 变性 10 min，55℃ 退火 15 s，72℃ 延伸 10 s 的程序进行 45 个循环。在 PCR 循环结束后，立即对扩增产物进行 HRM 检测，程序为：95℃ 1 min，40℃ 1 min，65℃ 1 s，在 65℃ 升温至 95℃ 的过程中，以 25 次/℃ 的频率收集荧光信息，最后降温至 40℃。高分辨率熔解曲线分析用 LightCycler ® 480 的 Gene Scanning 软件（1.5 version）进行。

五、SNP、InDel 标记的筛选验证

用 18 对 SNP 及 30 对 InDel 引物在亲本和抗感基因池中筛选，将出现不同分型的引物在分离群体上进行验证，以确定该标记是否与目的基因连锁。

六、基因 R_{gls} 位点的精细定位

将筛选的多态性标记在重组个体上的基因型表现与重组个体的抗病表型进行统一分析，对抗炭疽菌叶枯病基因 R_{gls} 位点进行精细定位，缩小抗性基因位点的范围。为后续的候选基因筛选及图位克隆提供准确的信息。

七、基因 R_{gls} 位点区域内的基因分析

将进一步缩小的 R_{gls} 位点区域内的基因进行统计并进行同源比对和 GO 功能富集分析，以筛选该区段内可能与抗病相关的候选基因。

八、分子标记准确性鉴定

SSR 标记的 PCR 产物利用 3.5% 的琼脂糖凝胶电泳进行标记基因型鉴定。SNP 和 InDel 标记利用 HRM 技术进行基因分型鉴定。

第二节　结果与分析

一、SNP 及 InDel 标记的筛选

通过对设计的引物进行 BSA 筛选，获得了与 R_{gls} 基因位点连锁的 6 个 SNP 及 5 个 InDel 标记，分别为 SNP3955、SNP4236、SNP4257、SNP4299、SNP4336、SNP4432 和 InDel4199、InDel4227、InDel4254、InDel4305、InDel4334。在 6 个 SNP 位点中有 A/G、G/A、T/C 和 C/G 四种变换形式，其中发生 A/G 转换的占 50.0%，发生 G/A 转换，T/C 转换，C/G 颠换的各占 16.7%（表 5-1）。

表 5-1　SNP、InDel 引物筛选

引物名称	引物序列	序列长度	参考碱基	突变碱基	位置
SNP3955	R: CCCTTAAAAGCCATGGAAGAG F: GTTCTGCATAAAAACCTCGCA	133	A	G	chr15:3, 955, 630 -3, 955, 763
SNP4236	R: GCTTATCATAAAAAGCAAGACCAC F: ATCATATAATTGTGTAATTTAGTAGAACA	114	A	G	chr15:4, 236, 220 -4, 236, 353
SNP4257	R: GGAGTCATAAGCCACAACGAG F: TCAGCTTTGAAGCATCCAATT	145	G	A	chr15:4, 257, 141 -4, 257, 286
SNP4299	R: GGTTATACATAGAGGCACTTAGAGC F: GCACAAAACTTAGATCAAAGATGAG	135	T	C	chr15:4, 299, 179 -4, 299, 314

（续表）

引物名称	引物序列	序列长度	参考碱基	突变碱基	位置
SNP4336	R：AGTTCGTTCTTTTCCGTTGCT F：GCGGTCCTGATTCAGGTACAG	133	C	G	chr15：4,336,382 -4,336,515
SNP4432	R：CGAGGAGCAAACGATAGTCAG F：ATTGGTCTCCGAATTAGAAGTCC	137	A	G	chr15：4,432,529 -4,432,666
indel4199	R：ATTGTGAAACCTTGATTGGG F：GAGATTATCCTTATTTTGTGGG	156	A	AAG	chr15：4,198,916 -4,199,072
indel4227	R：AGCGTTGCTATGCTTCTAATG F：AAGATGGAAATGGTATGTGAT	81	T	TC	chr15：4,227,569 -4,227,650
indel4254	R：ATAAAGTCACTTCTAGCACAAATA F：CGAAAAACGCTTTACTTAGG	119	G	GC	chr15：4,254,896 -4,255,015
indel4305	R：GTAAACTCATTAAATTATGCTTG F：TGCTTTACTCCGATTCTTC	134	C	CCA	chr15：4,305,342 -4,305,476
indel4334	R：ATACTATGAGGTGAAGGATTTAA F：GTATCTTCTACATTATCTTTCGTG	115	T	TA	chr15：4,334,597 -4,334,712

二、SNP 及 InDel 标记的验证

将获得的 11 个标记在 207 株 F₁ 群体上检验其与抗炭疽菌叶枯病基因的连锁情况，结果表明，这 11 个标记的扩增子熔解曲线形状明显不同，可据此区分抗病型和感病型植株（附图 5-1）。

三、基因 R_{gls} 位点的精细定位

将从全基因组重测序中筛选出并经群体验证的与 R_{gls} 位点紧密连锁 6 个 SNP 及 4 个 InDel 标记（InDel4305 标记在染色体上的物理位置与遗传位置不符，未用于精细定位分析），加上 1 个 SSR 标记，共 11 个标记与重组个体基因型及表型进行分析。结果显示，InDel4227、SNP4236 和 InDel4254 标记与基因 R_{gls} 位点共分离，没有重组个体。标记 InDel4199 有一个重组个体 S29 和标记 SNP4257 有两个重组个体 R16 和 R31，这三个关键的重组个体将基因 R_{gls} 位点定位于 InDel4199 和 SNP4257 两标记之间，物理距离由 500kb 缩小为 58kb（附图 5-2）。

四、基因 R_{gls} 位点区域内的基因分析

按照基因位置信息从蔷薇科基因组网站 GDR 下载基因组 15 号染色体 4.1~4.3 Mb 内基因 45 个。通过 perl 脚本整理基因组 GFF 文件，BLAST 同源比对 NR 数据库，选取最优比对结果。获得目的区段内的 45 个基因，其中 5 个基因功能未知，2 个为转录因子，另外 40 个基因均有明确的注释信息（表 5-2）。

表 5-2　区段内基因同源比对结果

序号	MDP 号码	同源基因
1	MDP0000180944	生长素诱导蛋白 15A
2	MDP0000205434	非病原性诱导蛋白
3	MDP0000148158	生长素诱导蛋白 15A
4	MDP0000177664	蛋白酶体 beta 亚基
5	MDP0000177665	转录共抑制因子 LEUNIG
6	MDP0000215349	转录共抑制因子 LEUNIG
7	MDP0000664885	抗烟草花叶病毒蛋白 N
8	MDP0000877582	抗烟草花叶病毒蛋白 N
9	MDP0000200748	转录因子
10	MDP0000481972	抗烟草花叶病毒蛋白 N
11	MDP0000481973	抗烟草花叶病毒蛋白 N
12	MDP0000381897	转录因子
13	MDP0000297052	抗烟草花叶病毒蛋白 N
14	MDP0000700563	黄瓜素
15	MDP0000242744	阳离子运输调控蛋白 2
16	MDP0000551192	阳离子运输调控蛋白 2
17	MDP0000242745	转录因子
18	MDP0000153007	来自转座子 TNT 1-94 的反转录病毒 Pol 多肽蛋白
19	MDP0000130036	未知功能转录因子
20	MDP0000199184	未知功能转录因子
21	MDP0000489432	三角状五肽链重复包含蛋白
22	MDP0000318360	类 LRR 丝氨酸/苏氨酸受体蛋白激酶
23	MDP0000247898	类 LRR 丝氨酸/苏氨酸受体蛋白激酶

（续表）

序号	MDP 号码	同源基因
24	MDP0000811774	核糖核酸酶 H2 亚基 B
25	MDP0000309446	未知功能线粒体蛋白
26	MDP0000272143	单尿苷绑定蛋白 1B；与 mRNA 3'-UTR 绑定
27	MDP0000871880	脱水响应蛋白 RD22
28	MDP0000272145	酪蛋白激酶 I delta 小体
29	MDP0000167752	结构域包含蛋白 34
30	MDP0000167753	核糖核酸酶 H2 亚基 B
31	MDP0000596125	核细胞溶解酶 TIA-1 小体
32	MDP0000201427	拓扑异构酶 I
33	MDP0000149447	脱水响应蛋白 RD22
34	MDP0000596128	酪蛋白激酶 I deta 小体
35	MDP0000201428	UDP-糖转运蛋白
36	MDP0000201429	环核苷酸离子通道蛋白 14
37	MDP0000255274	环核苷酸离子通道蛋白 14
38	MDP0000120033	丝氨酸精氨酸富集剪接因子。
39	MDP0000169534	3-酮脂酰-CoA 合酶 6
40	MDP0000203647	细胞分裂素-O-葡糖基转移酶 3
41	MDP0000864010	鼠李糖生物合成酶 1
42	MDP0000279973	肌氨酸氧化酶
43	MDP0000178030	未知蛋白
44	MDP0000289536	肌氨酸氧化酶
45	MDP0000272940	转录因子 WRKY11

　　为了对基因功能做进一步分析，提取区段内基因的 GO（gene ontology）信息，采用基因功能 GO 分类网站 WEBGO（http：//wego.genomics.org.cn/cgi-bin/wego/index.pl）进行基因分类。结果显示，这 40 个基因在细胞组成上涉及到 4 个 GO 分类，包括细胞、细胞组分、细胞器组成以及大分子复合体的组成；在分子功能方面，该区段内基因涉及到电子传递、转运蛋白、水解、绑定、催化以及物质传递 6 个 GO 分类；在生物过程方面，该区段内基因涉及到免疫过程、生物调控过程、细胞过程、色素沉着过程、程序性死亡过程、代谢过程、响

应刺激过程、定位以及定位确立9个生物过程（附图5-3）。

五、标记在品种（系）中的鉴定

经离体接种鉴定，50个作为分子标记准确性鉴定材料的品种（系）中有33个抗病品种（系）和17个感病品种（系）。从与抗炭疽菌叶枯病基因紧密连锁的分子标记中挑选出4个有代表性意义的分子标记SSR标记S0405127，S0304673，SNP标记SNP4236，InDel标记InDel4254作为鉴定标记。其中SSR标记S0405127与基因 R_{gls} 位点的遗传距离为0.5cM，S0304673的遗传距离为0.9 cM（见第三章），标记SNP4236和InDel4254与目的基因共分离。鉴定结果显示，SSR标记S0405127，S0304673，SNP标记SNP4236，InDel标记InDel4254鉴定抗感品种（系）的准确率分别为90.0%，94.0%，98.0%，96.0%。在基因型与表型鉴定结果中，不相符的个数分别为5个，3个，1个，2个。这4个分子标记鉴定结果的准确率均达到90%以上，可以应用于田间栽培品种、品系、种质资源以及杂种后代幼苗对炭疽菌叶枯病抗性的鉴定（表5-3）。

表5-3　四个分子标记对苹果栽培品种和品系的抗病性的鉴定结果

序号	品种/系	表型	S0405127	S0304673	SNP4236	InDel4254
1	海棠	R	R	S	R	R
2	斗南	R	R	R	R	R
3	福丽	R	R	R	R	R
4	福艳	R	R	R	R	R
5	红勋1号	R	R	R	R	S
6	华帅	R	R	R	R	R
7	鲁加1号	R	R	R	R	R
8	鲁加2号	S	S	S	S	S
9	鲁加4号	R	R	R	R	R
10	鲁加6号	R	R	R	R	R
11	旭	R	R	R	R	R
12	早杂1号	R	R	R	R	R
13	威赛克旭	R	R	R	R	R
14	五月金	R	R	R	R	R
15	早翠绿	R	R	R	R	R

（续表）

序号	品种/系	表型	S0405127	S0304673	SNP4236	InDel4254
16	国光	R	R	R	R	R
17	霞光	R	R	R	S	S
18	烟富1	R	R	R	R	R
19	福早红	S	S	S	S	S
20	嘎拉	S	S	S	S	S
21	金冠	S	S	S	S	S
22	秦冠	S	S	S	S	S
23	华硕	R	S	R	R	R
24	瑞丹	S	S	S	S	S
25	乙女	R	R	R	R	R
26	王林	R	S	R	R	R
27	青农红	S	S	S	R	R
28	秦冠	S	S	S	S	S
29	瑞红	S	S	S	S	S
30	赛金	R	S	R	R	R
31	红肉1号	R	R	R	R	R
32	双阳红	S	S	S	S	S
33	望山红	R	R	R	R	R
34	新红星	R	R	R	R	R
35	青冠	R	R	R	R	R
36	弘前富士	R	R	R	R	R
37	富士	R	R	R	R	R
38	7C-102	R	R	R	R	R
39	N2	S	S	S	S	S
40	Pinava	R	R	R	R	R
41	7C-35	S	R	R	S	S
42	95-161	R	R	R	R	R
43	95-231	R	R	R	R	R
44	95-232	S	S	S	S	S
45	95-32	R	R	R	R	R
46	95-93	R	R	R	R	R
47	7C-104	S	S	S	S	S
48	7C-105	S	S	S	S	S
49	7C-106	S	R	R	S	S
50	7C-107	S	S	S	S	S

第三节 讨论与小结

精细定位通常采用的方法是侧翼分子标记法，对于有参基因组植物来说，就是根据对目的基因的初步定位结果，选择位于目的基因两侧的分子标记之间的碱基，用于设计合适的分子标记。筛选出的与目的基因连锁的分子标记，通过鉴定更大的群体来确定发生交换的重组单株，最终找到与目的基因紧密连锁的分子标记，从而实现对目的基因的精细定位。精细定位是图位克隆策略中重要的一步，可以通过开发新的分子标记，整合原来已有的遗传图谱来进行图谱加密，以实现对目的基因的精细定位。

本研究利用全基因组重测序技术开发出的 SNP 及 InDel 标记，结合 R_{gls} 基因初步定位结果，选出在 R_{gls} 基因两侧的 SSR 标记 S0304673 和 S0405127 之间的 SNP 和 InDel 标记，通过 HRM 曲线分析技术对 18 个 SNP 位点和 30 个 InDel 位点进行了分析，筛选出 6 个 SNP 及 5 个 InDel 标记与 R_{gls} 基因位点紧密连锁。并选择其中的 10 个标记用于 R_{gls} 基因位点的精细定位。标记 InDel4227、SNP4236 和 InDel4254 表现出与 R_{gls} 基因位点共分离。由于所用群体规模的限制，所以筛选出的 SNP 及 InDel 标记仍无法对 R_{gls} 基因位点进行真正意义上的精细定位。

由于现有的金冠苹果基因组数据库中可能存在组装错误，所以在对定位区域内的基因进行分析中，扩大 R_{gls} 基因位点区域。对苹果第 15 条染色体 4.1～4.3 Mb 距离内的基因进行统计分析，结果表明在该区段存在 40 个有功能注释的基因，涉及到细胞组成方面，分子功能方面，生物过程方面共 18 个 GO 分类。在细胞组成层面上，参与细胞组成的基因，一般是由主效基因或寡基因控制的质量性状，是个体保持组成性抗性的基础，影响着品种的垂直抗性。在分子功能层面上，植物个体抗性与电子传递、转运蛋白、水解、绑定、催化以及物质传递等生物过程密切相关。例如，植物受到病原菌侵染后，体内会产生并积累一些次生代谢物质，如植保素、酚类、木质素、菇类等化合物，对病原菌产生抵抗作用（Pirie and Mullins，1976）。植物次生代谢途径尤其是苯丙烷类代谢途径是与植物抗病性密切相关，许多抗菌物质（包括酚类、类黄酮、绿原酸、酮类等）的生物合成都是通过这条途径完成的（RalPhL，1992；Cole R. A，1985）。在生物过程层面上，程序性死亡过程，响应刺激过程以及免疫过程与抗病机制密切相关。细胞程序性死亡（programmed cell death，PCD）是细胞死亡的两种基本类型之一，是细胞接受某种信号或受到某些因素刺激后主动发生的由基因调控的死亡过程。植物与病原菌互作过程中发生的过敏性反应（hypersensitive reaction，HR）是 PCD 的重要表现形式之一，是植物抵抗病原菌入侵的早期重要抗性反应，对植物抗病性有着重要意义。

在该区域内存在着 4 个编码 WRKY 转录因子的基因 MDP0000272940、MDP0000242745、MDP0000381897、MDP0000200748 以及 5 个 TIR-NB-LRR 家族基因 MDP000066488、MDP0000877582、MDP0000481972、MDP0000481973、MDP0000297052。许多研究结果表明，当植物受到病原菌入侵或植食性昆虫取食植物后，植物体内的一些 WRKY 转录因子的表达水平会随之发生改变（Hui et al.，3003；Zhao et al.，2007）。Huang 等（2002）研究了一个茄科植物的 WRKY 蛋白 STHP-64，发现其在低温胁迫下表达增强，Rizhsky 等（2004）发现拟南芥的 At-WRKY25 蛋白与氧化胁迫下胞液抗坏血酸过氧化物酶的表达有关。Li 等（2006）通过对 WRKY70 蛋白过表达的转基因植株和变异植株的研究，证明过表达拟南芥 WRKY70 蛋白的转基因植株能提高水杨酸（SA）介导的抗病性，但降低茉莉酸（JA）介导的抗病性。2006 年 Ryu 等对水稻 WRKY 转录因子在不同生物胁迫下的表达量变化进行了研究。结果显示在 45 个水稻 WRKY 转录因子中有 15 个 WRKY 转录因子可以被稻瘟病病菌（Magnaporthe grisea）诱导表达，其中 12 个可以同时被水稻白叶枯菌（Xanthomonas oryzae Dowson）诱导表达。在对防御反应相关的信号分子对 WRKY 转录因子的影响的研究中发现 OsWRKY10、OsWRKY82 和 OsWRKY85 可以在经过茉莉酸诱导的叶片中表达，OsWRKY45 和 OsWRKY62 可以在经过水杨酸处理的叶片中诱导表达，OsWRKY30 和 OsWRKY82 可以同时被水杨酸和茉莉酸诱导表达，这说明 WRKY 转录因子参与了植物的诱导防御反应。抗性基因（R gene）编码的蛋白大部分是 NB-LRR 蛋白，不同类别的 NB-LRR 蛋白可以直接或间接的识别不同来源的病原菌效应子，从而激发相似的防御反应。这 9 个基因是人们重点关注的基因。

进一步的基因功能研究及苹果与炭疽叶枯菌的分子互作机制研究将围绕着 SNP 定位的 5 个候选基因及该区段内的相关基因展开。

随着分子生物学技术的快速发展，特别是以 DNA 多态性为基础的分子标记技术在苹果育种中的应用，大大提高了目标性状早期选择的效率，缩短了育种周期，加快了新品种选育的速率。Tartarini 等（2000）报道了利用获得的与抗苹果黑星病的显性单基因 *Vf* 紧密连锁的 RAPD 标记测验了携带该基因个体，淘汰错误率为 3%，保留错选率仅为 0.02%。Cheng 等（1996）利用与控制果色的 *Thd*01 基因紧密连锁的 RAPD 标记，在苹果实生苗发育早期进行了标记筛选，实现了对果色这一特定性状的早期选择，大大减少了人力物力的浪费。苹果柱型性状有利于形成集约高效的现代苹果栽培模式，能够降低生产成本，提高产量。Moriya 等（2012）所得到的 3 个与控制苹果柱型性状 *Co* 基因共分离的标记 Mdo. chlO. 12、Mdo. chlO. 13 和 Mdo. chlO. 14，对于柱型苹果杂交育种中对群体材料的早期选择、基因的克隆及转化有着重要意义。王彩虹（Wang caihong, et al., 2011）通过 SCARs 标记和 SSR 标记对控制梨矮生性状基因 *PcDw* 进行了基因定位，对梨矮化育种有着重要的意义。随着不同果树基因组测序的完成，在果树方面陆续开展了相关 SNP 芯片研发和利用。Chagne 等（2012）对 27 个苹果品种进行低深度重测序检测并确认全基因组范围的 SNP，开发了苹果 8K 的 SNP 芯片，可用于苹果幼苗大规模检测，这将会促进标记—位点—性状之间关联性的发现，进一步阐明质量性状的遗传结构特性，推动遗传变异研究。

本实验利用四个紧密连锁的分子标记 S0405127、S0304673、SNP4236 和 InDel4254 对 50 个田间栽培品种和青岛农业大学选育出的优系进行了抗炭疽菌叶枯病的基因型鉴定，并结合其抗病的表型鉴定对四个标记的准确性进行了分析。结果表明四个标记的准确率分别为 90.0%，94.0%，98.0% 和 96.0%，可以有效的应用于分子标记辅助育种。在第三章的研究结果中，SSR 标记 S0405127 与基因 R_{gls} 位点的遗传距离为 0.5cM，而 S0304673 的遗传距离为 0.9 cM，理论上标记 S0405127 与抗性基因位点连锁的更紧密，准确性应该更高，而在品种群体验证中，标记 S0304673 鉴定抗感品种（系）的准确率为 94%，而标记 S0405127 的准确率为 90%。在利用重组个体对基因 R_{gls} 位点进行精细定位中，SNP4236 和 InDel4254 标记与目的基因共分离，在品种的群体验证中应该显示 100% 的准确性，但实际上还是有 1~2 个表型鉴定与基因型鉴定不符的个体。这种现象存在的原因一是可能由于用于鉴定的品种或品系数量有限，导致了结果的偏离。二是标记 S0405127 的条带显示为有和无的差异，在电泳时有可能存在读带误差。三是在对做图群体进行表型鉴定中，可能存在表型鉴定误差，导致遗传距离计算的偏差。四是在精细定位中，需要应用更大的群体筛选重组的单株以完成对目标基因的精细定位。而由于实验材料的限制，所用群体规模不是很大，所以可能导致定位结果的误差。这些问题尽管在实验中是不可以避免的，但是在以后进行更精细的遗传定位研究中，以更大规模的群体和更严谨的实验操作来进一步验证，可以减少这些误差的产生，提高遗传作图的精度。

第六章 主要结论与创新点

第一节 主要结论

一、苹果抗炭疽菌叶枯病性状受隐性单基因控制

利用 4 个抗感杂交组合（'富士'×'金冠''金冠'×'富士''嘎拉'×'富士''富士'×'QF-2'）进行了苹果炭疽菌叶枯病抗性鉴定和遗传分析。结果表明，4 个群体中抗、感植株的分离比分别符合 1∶1、1∶1、0∶1 和 1∶0 的理论比值，初步推测苹果抗炭疽菌叶枯病性状受隐性单基因控制，抗病基因型为 rr，感病基因型为 RR 和 Rr。由此推测供试杂交群体的亲本品种（系）'富士''金冠''嘎拉''QF-2'的基因型分别为 rr、Rr、RR 和 rr。

二、苹果抗炭疽菌叶枯病基因位点被定位于苹果第 15 条染色体上，与 11 个 SSR 标记连锁

利用 207 株'金冠'×'富士'的杂交后代为试材，构建了抗感基因池用于 BSA 分析。从 HiDRAS 和 GenBank 网站上下载了 300 对均匀覆盖苹果染色体组的 SSR 引物，通过在亲本及抗感池中的初步筛选，将产生多态性条带的引物进行群体验证，获得了两个位于苹果 15 号连锁群上与抗病性状相关的分子标记 CH01d08 和 CH05g05。通过 MapMarker 4.0 软件分析，将这两个标记定位于 R_{gls} 基因两侧，重组率分别为 7.3% 和 23.2%。依据苹果基因组 CH01d08 和 CH05g05 标记

之间的序列，自行设计了 276 对 SSR 引物。经过亲本及抗感池的初步筛选及群体验证，最终筛选出 9 对与 R_{gls} 基因位点连锁的分子标记。将表型抗性鉴定结果与标记基因型数据相结合采用 JoinMap ver. 4.0 软件，完成了 SSR 标记与 R_{gls} 基因位点的连锁图谱。这 11 个标记覆盖了 49.2 cM 的遗传距离，最近的标记为 S0405127 遗传距离为 0.5 cM。R_{gls} 基因位点两侧最近的两个标记 S0304673 和 S0405127 之间的物理距离为 500kb。

三、利用全基因组重测序技术将 R_{gls} 基因位点快速定位在第 15 条染色体上，并筛选出 5 个响应炭疽菌叶枯病病原菌诱导的候选基因

以'金冠'和'富士'及'金冠'×'富士'的 F_1 代群体中 20 株极端抗和 20 株极端感炭疽菌叶枯病的单株为材料，利用全基因组重测序（whole genome re-sequencing，WGR）技术，结合混合分组分析法（bulked segregate analysis，BSA）共开发 SNP 位点 3 399 950 个，InDel 位点 573 040 个，SNP 位点位于内含子上的 465 317 个，位于外显子上的 13 029 个，其中同义变异 7 330 个，InDel 位点位于内含子上的 108 996 个，位于外显子上的 19 957 个，其中插入或缺失 3 或 3 的整数倍的碱基，不改变蛋白质的编码框的有 6 928 个。在全基因组范围内共得到 33 个候选的 SNP 位点及所对应的 29 个候选基因。通过对 △（SNP-index）的筛选，将抗性基因位点快速定位于苹果第 15 条染色体的 2～5 Mb 的区域内，结合 SSR 标记定位结果，最终锁定 18 个 SNP 位点、30 个 InDel 位点，以及 5 个候选基因。通过对 5 个候选基因在接种病原菌后不同时间点的表达量差异及生物信息学分析，结果显示，基因 *MDP0000686092*、*MDP0000205432*、*MDP0000120033* 为功能未知蛋白，基因 *MDP0000945764* 具有 CCHC 型锌指结构，是丝氨酸/精氨酸富集剪接因子，具有核酸绑定、锌离子结合分子功能，参与 RNA 剪切生物过程，调节基因产物的表达。基因 *MDP0000864010* 具有烟酰胺腺嘌呤二核苷酸（磷酸盐）NAD（P）绑定区域，属于 NAD 依赖差向异构酶/脱氢酶家族，具有辅酶绑定功能，可能与鼠李糖生物合成酶 1 有关。通过 qRT-PCR 验证，5 个候选基因均不同程度的响应炭疽叶枯病病原菌的诱导，是苹果炭疽叶枯病抗病相关基因。

四、利用 SNP 及 InDel 标记将 R_{gls} 基因位点精细定位在 58 kb 的区域内

通过高分辨熔解曲线（HRM）分析技术对 SNP 及 InDel 标记进行验证。对 SNP 及 InDel 引物在亲本和抗感基因池中进行初步筛选，将出现不同分型的引物在分离群体上进行验证，获得了 6 个 SNP 及 5 个 InDel 标记与 R_{gls} 基因位点紧密连锁。从中挑选了 10 个标记对所检验出的重组个体进行了分析，将 R_{gls} 基因位点定位于标记 InDel4199 和 SNP4257 之间，范围缩小为 58 kb 以内。

五、4 个与抗性基因位点紧密连锁的分子标记可用于 MAS

以青岛农业大学苹果试验基地（山东省胶州市）栽培的 50 个田间栽培品种和品系为试材，利用四个紧密连锁的分子标记 S0405127、S0304673、SNP4236 和 InDel4254 验证了分子标记的可靠性。结果表明，SSR 标记 S0405127，S0304673，SNP 标记 SNP4236，InDel 标记 InDel4254 鉴定的准确率分别为 90.0%，94.0%，98.0%，96.0%，其鉴定结果的准确率均达到 90% 以上，可以应用于田间栽培品种、品系、种质资源以及杂种后代幼苗对炭疽菌叶枯病抗性的鉴定。

第二节　创新点

一是通过对 4 个杂交组合的 F_1 群体及 4 个亲本进行苹果炭疽菌叶枯病抗性鉴定和遗传分析，推断出苹果抗炭疽菌叶枯病性状受隐性单基因控制，抗病基因型为 rr，感病基因型为 RR 和 Rr。

二是通过 300 对均匀覆盖苹果染色体组的 SSR 引物和自行设计的 276 对 SSR 引物在亲本及抗感池中进行筛选，得到的多态性标记经作图群体验证，共获得了 11 个与 R_{gls} 基因位点连锁的分子标记，将抗病

基因定位于苹果第 15 条染色体上，并完成了 SSR 标记与 R_{gls} 基因位点连锁图谱的构建。将 R_{gls} 基因位点定位在 SSR 标记 S0304673 和 S0405127 之间，物理距离为 500 kb，与最近的标记 S0405127 的遗传距离仅为 0.5 cM。

三是开发了与抗炭疽菌基因相关的 SNP 标记和 Indel 标记，并对部分 SNP 及 InDel 标记进行了验证，将 R_{gls} 基因位点进行精细定位，将抗病基因的范围进一步缩小至 58 kb，并获得了 14 个与抗病相关的候选基因。

参考文献

柏素花 . 2012. 苹果轮纹病防御相关基因的鉴定及功能分析 [D].
长沙：湖南农业大学.

陈学森，郭文武，徐娟，等 . 2015. 主要果树果实品质遗传改良
与提升实践 [J]. 中国农业科学，48（17）：3 524-3 540.

陈学森，韩明玉，苏桂林，等 . 2010. 当今世界苹果产业发展趋
势及我国苹果产业优质高效发展意见 [J]. 果树学报，27
（4）：598-604.

程曦，田彩娟，李爱宁，等 . 2012. 植物与病原微生物互作分子
基础的研究进 [J]. 遗传，34（2）：134-144.

符丹丹 . 2014. 中国苹果炭疽病病原菌的遗传多样性 [D]. 咸阳：
西北农林科技大学.

葛敏，蒋璐，张晓林，等 . 2013. 利用 Insertion/Deletion（InDel）
分子标记检测玉米互交种混杂的原理及应用 [J]. 分子植物育
种，11（1）：37-47.

关玲，章镇，王新卫，等 . 2011. 苹果基因组 SSR 位点分析与应
用 [J]. 中国农业科学，44（21）：4 415-4 428.

何晓薇，王彩虹，田义柯，等 . 2009. 苹果果皮颜色性状相关的
SSR 标记 [J]. 果树学报，26（3）：379-381.

李炜，田义轲，王彩虹，等 . 2015. 通过 HRM 技术筛查与梨矮生
性状决定位点 *PcDw* 紧密连锁的 SNP 标记 [J]. 园艺学报，42
（2）：214-220.

廖毅，孙保娟，孙光闻，等 . 2009. 集群分离分析法在作物分子
标记研究中的应用及问题分析 [J]. 分子植物育种，7（1）：

162-168.

刘源霞, 李保华, 王彩虹, 等 . 2015. 苹果对炭疽菌叶枯病抗性遗传的研究及其分子标记筛选 [J]. 园艺学报, 42 (11): 2 105-2 112.

宋清, 王素侠, 杨春亮, 等 . 2012. 苹果炭疽菌叶枯病的研究初报 [J]. 落叶果树, (2): 29-30.

孙瑞 . 2015. 苹果高密度遗传连锁图谱构建与重要果实品质性状 QTL 定位 [D]. 北京: 中国农业大学.

田义柯, 王彩虹, 张继澍, 等 . 2003. 一个与苹果柱型基因 Co 连锁的 RAPD 标记 [J]. 西北植物学报, 23 (12): 2 176-2 179.

王雷存, 樊红科, 高华 . 2012. 苹果酸度基因 (施) SSR 标记及遗传分析 [J]. 园艺学报, 39 (10): 1 885-1 892.

王明军, 王云月, 陆春明, 等 . 2010. 利用籼粳稻特异 InDel 标记分析云南精稻品种的籼粳特性 [J]. 云南农业大学学报: 自然科学版, 25 (3): 333-337.

王素芳 . 2009. 陕西苹果炭疽病病原及采后发病规律初探 [D]. 咸阳: 西北农林科技大学.

王薇, 符丹丹, 张荣, 等 . 2015. 苹果炭疽叶枯病病原学研究 [J]. 菌物学报, 34 (1): 13-25.

王岩, 付新民, 高冠军, 等 . 2009. 分子标记辅助选择改良优质水稻恢复系明恢 63 的稻米品质 [J]. 分子植物育种, 7 (4): 661-665.

吴波, 杨润婷, 朱世平, 等 . 2012. 宽皮柑橘单核苷酸多态性的高分辨率熔解曲线分型 [J]. 园艺学报, 39 (4): 777-782.

徐云碧 . 2014. 分子植物育种 [M]. 北京: 科学出版社.

殷豪, 王彩虹, 田义轲, 等 . 2011. 利用高分辨率熔解曲线 (HRM) 分析梨微卫星标记 [J]. 园艺学报, 38 (8): 1 601-1 606.

殷丽华 . 2013. 苹果属资源对苹果褐斑病的抗性机理及抗性诱导研究 [D]. 咸阳: 西北农林科技大学.

赵开军，李岩强，王春连，等 . 2011. 植物天然免疫性研究进展及其对作物抗病育种的可能影响 [J]. 作物学报，37（6）：935-942.

祝军，王涛，赵玉军，等 . 2000a. 应用 AFLP 分子标记鉴定苹果品种 [J]. 园艺学报，27（2）：102-106.

祝军，周爱琴，李光晨，等 . 2000b. 苹果 M 系矮化砧木 AFLP 指纹图谱的构建与分析 [J]. 农业生物技术学报，8（1）：59-62.

Abe A, Kosugi S, Yoshida K, et al. 2012. Genome sequencing reveals agronomically important loci in rice using MutMap [J]. Nature Biotechnology, 30（2）：174-178.

Antanaviciute L, Femandez-Femandez F, Jansen J, et al. 2012. Development of a dense SNP-based linkage map of an apple rootstock progeny using the *Malus* Infinium whole genome genotyping array [J]. BMC Genomics, 13（1）：203.

AraujoL, Stadnik MJ. 2013. Cultivar-specific and ulvan-induced resistance of apple plants to Glomerella leaf spot are associated with enhanced activity of peroxidases. Acta Scientiarum [J]. Agronomy, 35（3）：287-293.

Axtell MJ, Staskawicz BJ. 2003. Initiation of *RPS*2-specified disease resistance in *Arabidopsis* is coupled to the *AvrRpt*2- directed elimination of *RIN*4 [J]. Cell, 112（3）：369-377.

Badel JL, Charkowski AO, Deng WL, et al. 2002. Agene in the *Pseudomonas syringae* pv. tomato Hrp pathogenicity island conserved effector locus, *hopPtoA*1, contributes to efficient formation of bacterial colonies in planta and is duplicated elsewhere in the genome [J]. Molecular Plant-Microbe Interactions, 15（10）：1 014-1 024.

Benaouf G, Parisi L. 2000. Genetics of host-pathogen relationships between*Venturia* inaequalis races 6 and 7 and Malus species [J]. Phytopatiiology, 90（3）：236-242.

Boller T, Felix G. 2009. A renaissance of elicitors：perception of microbe-associated molecular patterns and danger signals by pattern-recognition receptors [J]. Plant Biology, 60（60）：379-406.

Boller T, He SY. 2009. Innate immunity in plants：an arms race between pattern recognition receptors in plants and effectors in microbial pathogens [J]. Science, 324（5928）：742-744.

Camilo AP, Denardi F. 2002. Cultivares：descrição ecomportamento no Sul do Brasil. In：A cultura da macieira [R]. Florianópolis：EPAGRI.

Celton JM, Tustin DS, Chagne D, et al. 2009. Construction of a dense genetic linkage map for apple rootstocks using SSRs developed from Malus ESTs and Pyrus genomic sequences [J]. Tree Genetics & Genomes, 5（1）：93-107.

Chagné D, Crowhurst RN, Troggio M, et al. 2012. Genome-wide SNP detection, validation, and development of an 8K SNP array for apple [J]. PLos One, 7（2）：e31745.

Chague V, Mercier JC, Guenard M, et al. 1997. Identification of RAPD markers linked to a locus involved in quantitative resistance to *TYLCV* in tomato by bulked segregant analysis [J]. Theoretical and Applied Genetics, 95：（4）671-677.

Chantret N, Sourdille P, Roder M, et al. 2000. Location and mapping of the powdery mildew resistance gene *MlRE* and detection of a resistance QTL by bulked segregant analysis（BSA）with microsatellites in wheat [J]. Theoretical and Applied Genetics, 100（8）：1 217-1 224.

Chen L, Hamada S, Fujiwara M, et al. 2010. The *Hop/Sti*1-*Hsp*90 chaperone complex facilitates the maturation and transport of a PAMP receptor in rice innate immunity [J]. Cell Host & Microbe, 7（3）：185-196.

Cheng FS, Weeden NF, Brown SK, et al. 1996. Identification of co-dominant RAPD markers tightly linked to fruit skin color in apple [J]. Theoretical and Applied Genetics, 93 (1): 222-227.

Chinchilla D, Bauer Z, Regenass M, et al. 2006. The *Arabidopsis* Receptor Kinase *FLS*2 Binds *flg*22 and Determines the Specificity of Flagellin Perception [J]. Plant Cell, 18 (2): 465-476.

Clark MD, Schmitz CA, Rosyara UR, et al. 2014. A consensus 'Honeycrisp' apple (*Malus×domestica*) genetic linkage map from three full-sib progeny populations [J]. Tree Genetics & Genomes, 10 (13): 627-639.

Collard BCY, Jahufer MZZ, Brouwer JB, et al. 2005. An introduction to markers, quantitative trait loci (QTL) mapping and marker-assisted selection for crop improvement: the basic concepts [J]. Euphytica, 142 (1): 169-196.

Collier SM, Moffett P. 2009. NB-LRRs work a "bait and switch" on pathogens [J]. Trends Plant Science, 14 (10): 521-529.

Crusius LU, Forcelini CA, Sanhueza RMV, et al. 2002. Epidemiology of apple leaf spot [J]. Fitopatologia Brasileira, 27 (1): 65-70.

Cullings KW. 1992. Design and testing of a plant-specific PCR primer for ecological and evolutionary studies [J]. Molecular Ecology, 1 (4): 233-240.

Dantas ACM, Silva MF, Nodari RO. 2009. Avanços genéticos da macieira no controle de doenças (Genetic advances in the control of apple diseases). //Stadnik, M. J. Manejo integrado de doenças da macieira [C]. Florianópolis: CCA-UFSC.

Deslandes L, Olivier J, Peeters N, et al. 2003. Physical interaction between*RRS*1-*R*, a protein conferring resistance to bacterial wilt, and *PopP*2, a type III effector targeted to the plant nucleus [J]. Proceedings of the National Academy of Sciences of the United States of America, 100 (13): 8 024-8 029.

Dinesh-Kumar SP, Baker BJ. 2000. Alternatively spliced N resistance gene transcripts: their possible role in tobacco mosaic virus resistance [J]. Proceedings of the National Academy of Sciences of the United States of America, 97 (4): 1 908-1 913.

Distefano G, Malfa S L, Gentile A, et al. 2013. EST-SNP genotyping of citrus species using high-resolution melting curve analysis [J]. Tree Genetics & Genomes, 9 (5): 1 271-1 281.

Dodds PN, Lawrence GJ, Catanzariti AM, et al. 2006. Direct protein interaction underlies gene-for-gene specificity and coevolution of the flax resistance genes and flax rust avirulence genes [J]. Proceedings of the National Academy of Sciences of the United States of America, 103 (23): 8 888-8 893.

Doligez A, Adam - Blondon AF, Cipriani G, et al. 2006. An integrated SSR map of grapevine based on five mapping populations [J]. Theoretical and Applied Genetics, 113 (3): 369-382.

Doyle JJ, Doyle JL. 1987. A rapid DNA isolation procedure for small quantities of fresh leaf tissue [J]. Phytochemical Bulletin, 19 (1): 11-15.

Dunemann F, Egerer J. 2010. A major resistance gene from Russian apple ' Antonovka ' conferring field immunity against apple scab is closely linked to the *Vf* locus [J]. Tree Genetics & Genomes, 6 (5): 627-633.

Duque P. 2011. A role for SR proteins in plant stress responses [J]. Plant Signaling & Behavior, 6 (1): 49-54.

Durham R, Korban SS. 1994. Evidence of gene introgression in apple using RAPD markers [J]. Euphytica, 79 (1): 109-114.

Elmore JM, Lin ZJD, Coaker G. 2011. Plant NB-LRR signaling: up-streams and downstreams [J]. Current Opinion in Plant Biology, 14 (4): 365-371.

Feilner T, Hultschig C, Lee J, et al. 2005. High throughput identification of potential *Arabidopsis* mitogen-activated protein kinases substrates [J]. Molecular & Cellular Proteomics Mcp, 4 (10): 1 558-1 568.

Felix G, Duran JD, Volko S, et al. 1999. Plants have a sensitive perception system for the most conserved domain of bacterial flagellin [J]. Plant Journal for Cell & Molecular Biology, 18 (3): 265-276.

Feng F, Luo L, Li Y. 2005. Comparative analysis of polymorphism of InDel and SSR markers in rice [J]. Molecular Plant Breeding, 21 (21): 243-255.

Fernández-Fernández FL, Evans KM, Clarke JB, et al. 2008. Development of an STS map of an interspecific progeny of *Malus* [J]. Tree Genetics & Genomes. 4 (3): 469-479.

Filichkin SA, Priest HD, Givan SA, et al. 2010. Genome-wide mapping of alternative splicing in *Arabidopsis thaliana* [J]. Genome Research, 20 (1): 45-58.

Francia E, Tacconi G, Crosatti C, et al. 2005. Marker assisted selection in crop plants [J]. Plant Cell, Tissue and Organ Culture, 82 (3): 317-342.

Fritz - Laylin LK, Krishnamurthy N, et al. 2005. Phylogenomic Analysis of the Receptor-Like Proteins of Rice and *Arabidopsis* [J]. Plant Physiology, 138 (2): 611-623.

Galli P, Broggini GAL, Kellerhals M, et al. 2010. High-resolution genetic map of the *Rvil5* (*Vr2*) apple scab resistance locus [J]. Molecular Breeding, 26 (4): 561-572.

Ganopoulos I, Tsaballa A, Xanthopoulou A, et al. 2013. Sweet cherry cultivar identification by high-resolution-melting (HRM) analysis using gene-based SNP markers [J]. Plant Molecular Biology Reporter, 31 (3): 763-768.

Garcia - Blanco MA, Baraniak AP, Lasda EL. 2004. Alternative splicing in disease and therapy [J]. Nature Biotechnology, 22 (5): 535-546.

Geraldes A, Pang J, Thiessen N, et al. 2011. SNP discovery in black Cottonwood (*Populus trichocarpa*) by population transcriptome resequencing [J]. Molecular Ecology Resources, 11 (Supplement s1): 81-92.

Gianfranceschi L, Seglias N, Tarchini R, et al. 1998. Simple sequence repeats for the genetic analysis of apple [J]. Theoretical and Applied Genetics, 96 (8): 1 069-1 076.

Giovannoni JJ, Wing RA, Ganal MW, et al. 1991. Isolation of molecular markers from specific chromosomal intervals using DNA pools from existing mapping populations [J]. Nucleic Acids Researcher, 19 (23): 6 553-6 558.

Gohre V, Spallek T, Häweker H, et al. 2008. Plant pattern-recognition receptor *FLS*2 is directed for degradation by the bacterial ubiquitin ligase *AvrPtoB* [J]. Current Biology, 18 (23): 1 824-1 832.

Gomez - Gomez L, Boiler T. 2000. FLS2: An LRR Receptor like Kinase Involved in the Perception of the Bacterial Elicitor Flagellin in *Arabidopsis* [J]. Molecular cell, 5 (6): 1 003-1 011.

González E, Sutton TB, Correll JC. 2006. Clarification of the etiology of Glomerella leaf spot and bitter rot of apple caused by *Colletotrichum spp.* based on morphology and genetic, molecular, and pathogenicity tests [J]. Phytopathology, 96 (9): 982-992.

González E, Sutton TB. 1999. First report of Glomerella leaf spot (*Glomerella cingulata*) of apple in the United States [J]. Plant Disease, 83 (11): 1 074.

González E. 2003. Characterization of isolates of *Glomerella cingulata* causal agent of Glomerella leaf spot and bitter rot of apples based on morphology and genetic, molecular, and pathogenicity tests ［D］. Raleigh: North Carolina State University.

Guan L, Zhang Z, Wang XW, et al. 2011. Evaluation and application of the SSR loci in apple genome ［J］. Scientia Agricultura Sinica, 44: 4 415-4 428.

Gur, A. and Zamir, D. 2004. Unused natural variation can lift yield barriers in plant breeding ［J］. Plos Biology, 2 (10): e245.

Gygax M, Gianfranceschi L, Liebhard R, et al. 2004. Molecular markers linked to the apple scab resistance gene *Vbj* derived from Mains baccata jackit ［J］. Theoretical and Applied Genetics, 109 (8): 1 702-1 709.

Hayashi K, Yoshida H, Ashikawa L. 2006. Development of PCR-based allele-specific and InDel marker sets for nine rice blast resistance genes ［J］. Theoretical and Applied Genetics, 113 (2): 251-260.

Heckenberger M, Bohn M, Maurer HP, et al. 2005. Identification of essentially derived varieties with molecular markers: an approach based on statistical test theory and computer simulations ［J］. Theoretical and Applied Genetics, 111: 598-608.

Hemmat M, Weeden NF, Manganaris AG, et al. 1994. Molecular marker linkage map for apple ［J］. Journal of Heredity, 85 (1): 4-11.

Hilde Nybom, Steven H. Rogstad. 1990. DNA "fingerprints" detect genetic variation in *Acer negundo* (*Aceraceae*) ［J］. Plant Systematics and Evolution, 173 (1): 49-56.

Holland JB. 2004. Implementation of molecular markers for quantitative traits in breeding programs challenges and opportunities ［C］. In: New Direction for a Diverse Planet, Proceedings of the 4th International Crop Science Congress.

Huang T, Duman JG. 2002. Cloning and characterization of a thermal hysteresis (antifreeze) Protein with DNA - binding activity from winter bitter sweet night shade, *Solanum duleamara* [J]. Plant Molecular Biology, 48 (4): 339-350.

Huang X, Wei X, Sang T, et al. 2010. Genome - wide association studies of 14 agronomic traits in rice landraces [J]. Nature Genetics, 42 (11): 961-967.

Hui DQ, Iqbal J, Lehmann K, et al. 2003. Molecular interactions between the specialist herbivore Manduca sexta (*Lepidoptera*, *Sphingidae*) and its natural host Nicotiana attenuata: V. microarray analysis and further characterization of large - scale changes in herbivore - induced mRNAs [J]. Plant physiology, 131 (4): 1 877-1 893.

IBRD/World Bank (The International Bank for Reconstruction and Development/The World Bank). 2006. Intellectual Property Rights: Designing Regimes to Support Plant Breeding in Developing Countries [R]. The World Bank: Washington, DC.

Jaillon O, Aury JM, Noel B, et al. 2007. The grapevine genome sequence suggests ancestral hexaploidization in major angiosperm phyla [J]. Nature, 449 (7161): 463-467.

Jander G, Norris SR, Rounsley SD, et al. 2002. *Arabidopsis* map - based cloning in the post - genome [J]. Plant Physiology, 129 (2): 440-450.

Johnson GCL, Told J A. 2000. Strategies in complex disease mapping [J]. Current Opinion Genetics & Development, 10 (3): 330-334.

Jones JDG, Dangl JL. 2006. The plant immune system [J]. Nature, 444 (7117): 323-329.

Kaku H, Nishizawa Y, Ishii-Minami N, et al. 2006. Plant cells recognize chitin fragments for defense signaling through a plasma membrane receptor [J]. Proceedings of the National Academy of Sciences, 103 (27): 11 086-11 091.

Kalia RK, Rai MK, Kalia S, et al. 2011. Microsatellite markers: An overview of the recent progress in plants [J]. Euphytica, 177 (3): 309-334.

Katsurayama Y, et al. 2000. Mancha foliar da gala: principal doença de verão da cultura da macieira [J]. Agropecuária Catarinense, 13: 14-19.

Khan MA, Han Y, Zhao YF, et al. 2012. A multi-population consensus genetic map reveals inconsistent marker order among maps likely attributed to structural variations in the apple genome [J]. Plos One, 7 (11): 18 431-18 436.

Koller B, Gianfranceschi L, Seglias N, et al. 1994. DNA markers linked to the Mains floribunda 821 scab resistance [J]. Plant Molecular. Biology, 26 (2): 597-602.

Koller B, Lehmann A, McDermott JM, et al. 1993. Identification of apple cultivars using RAPD markers [J]. Theoretical and Applied Genetics, 85 (6): 901-904.

Korol A, Frenkel Z, Cohen L, et al. 2007. Fractioned DNA pooling: a new cost-effective strategy for fine mapping of quantitative trait loci [J]. Genetics, 176 (4): 2 611-2 623.

Krishna SS, Majumdar I, Grishin NV. 2003. Structual classification of zinc-fingers: survey and summary [J]. Nucleic Acids Research, 31: 532-555.

Kumar KRR, Kirti PB. 2012. Novel role for a serine/arginine-rich splicing factor, *AdRSZ*21 in plant defense and HR-like cell death [J]. Plant Molecular Biology, 80 (4): 461-476.

Lacombe S, Rougon-Cardoso A, Sherwood E, et al. 2010. Interfamily transfer of a plant pattern-recognition receptor confers broad-spectrum bacterial resistance [J]. Nature Biotechnology, 28 (4): 365-369.

Lai J, Li R, Xu X, et al. 2010. Genome-wide patterns of genetic variation among elite maize inbred lines [J]. Nature Genetics, 42 (11): 1 027–1 031.

Lee Sw, Han SW, Sririyanum M, et al. 2009. A type I – secreted, sulfated peptide triggers*XA*21 – mediated innate immunity [J]. Science, 326 (5954): 850–853.

Leite JRP, Tsuneta M, Kishino AY. 1988. Ocorrencia de mancha foliar de Glomerella em macieira no estado do Parana [M]. Informe da Pesquisa–Fundacao Instituto Agronomico do Parana.

Levinson G, Gutman G A. 1987. Slipped – strand mispairing: a major mechanism for DNA sequence evolution [J]. Molecular Biology and Evolution, 4 (3): 203–221.

Li H, Durbin R. 2009. Fast and accurate short read alignment with Burrows – Wheeler transform [J]. Bioinformatics, 25 (14): 1 754–1 760.

Li H, Handsaker B, Wysoker A, et al. 2009. The sequence alignment/map format and SAMtools [J]. Bioinformatics, 25 (16): 2 078–2 079.

Li H, Peng Z, Yang X, et al. 2012a, Genome – wide association study dissects the genetic architecture of oil biosynthesis in maize kernels [J]. Nature Genetics, 45 (1): 43–50.

Li J, Brader G, Kariola T, et al. 2006. WRKY70 modulates the selection of signaling pathways in plant defense [J]. Plant Journal for Cell & Molecular Biology, 46 (3): 477–491.

Li S, Xie K, Li W, et al. 2012. Re–sequencing and genetic variation identification of a rice line with ideal plant architecture [J]. Rice, 5 (1): 1–7.

Liebhard R, Gianfranceschi L, Koller B. et al. 2002. Development and characterization of 140 new microsatellites in apple (*Malus* × *domestica* Borkh.) [J]. Seed Science & Technology, 30 (2): 431–436.

Liebhard R, Koller B, Gianfranceschi L, et al. 2003. Creating a saturated reference map for the apple (*Malus* × *domestica* Borkh.) genome [J]. Theoretical and Applied Genetics, 106 (8): 1 497–1 508.

Lijavetzky D, Cabezas JA, Jbmez A, et al. 2007. High throughput SNP discovery and genotyping in grapevine (*Vitis vinifera L.*) by combining a re – sequencing approach and SNPlex technology [J]. BMC Genomics, 8 (1): 424.

Litt M, Luty JA. 1989. A hypervariable microsatellite revealed by in vitro amplification of dinucleotide repeat within the cardiac muscle actin gene [J]. American Journal of Human Genetics, 44 (3): 397–401.

Liu GS, ZhangYG, Tao R, et al. 2014. Identification of apple cultivars on the basis of simple sequence repeat markers [J]. Genetics & Molecular Research Gmr, 13 (3): 7 377–7 387.

Lizasa Ei, Mitsutomi M, Nagano Y. 2010. Direct binding of a plant LysM receptor – like kinase, *LysMRLKl/CERKl*, to chitin in vitro [J]. Journal of Biological Chemistry, 285: 2 996–3 004.

Mackay IJ, Caligari PDS. 2000. Efficiencies of *F*2 and backcross generations for bulked segregant analysis using dominant markers [J]. Crop Science, 40 (3): 626–630.

McKenna A, Hanna M, Banks E, et al. 2010. The Genome Analysis Toolkit: a map reduce framework for analyzing next-generation DNA sequencing data [J]. Genome research, 20 (9): 1 297–1 303.

Michelmore RW, Paran I, Kesseli RV. 1991. Identification of markers linked to disease – resistance genes by bulked segregant analysis: a rapid method to detect markers in specific genomic regions by using segregating populations [J]. Proceedings of the National Academy of Sciences, 88 (21): 9 828–9 832.

Miya A, Albert P, Shinya T, et al. 2007. *CERKl*, a LysM receptor kinase, is essential for chitin elicitor signaling in *Arabidopsis* [J]. Proceedings of the National Academy of Sciences, 104 (49): 19 613-19 618.

Moore SS, Sargeant LL, King TJ, et al. 1991. The conservation of dinucleotide microsatellites among mammalian genomes allows the use of heterologous PCR primer pairs in closely related species [J]. Genomics, 10 (3): 654-660.

Moriya S, Iwanami H, Kotoda N, et al. 2009. Development of a marker-assisted selection system for columnar growth habit in apple breeding [J]. Journal of the Japanese Society for Horticultural Science, 78 (3): 279-287.

Moriya S, Okada K, Haji T, et al. 2012. Fine mapping of Co, a gene controlling columnar growth habit located on apple (*Malus×domestica Borkh.*) lingkage group 10 [J]. Plant Breeding, 131 (5): 641-647.

Muehlbauer GL, Specht JE, Thomas-Compton MA, et al. 1988. Near-isogenic lines-A potential resource in the integration of conventional and molecular marker linkage maps [J]. Crop Science, 28 (5): 729-735.

Mullikin JC, Hunt SE, Cole CG, et al. 2000. A single-nucleotide polymorphisms map of human chromosome 22 [J]. Nature, 407 (6803): 516-520.

Naito K, Taquchi F, Suzuki T, et al. 2008. Amino acid sequence of bacterial microbe-associated molecular pattern*flg*22 is required for virulence [J]. Mol Plant-Microbe Interact, 21 (9): 1 165-1 174.

Navarro L, Jay F, Nomura K, et al. 2008. Suppression of the microRNA pathway by bacterial effector proteins [J]. Science, 321 (5891): 964-967.

Nilsen TW, Graveley BR. 2010. Expansion of the eukaryotic proteome by alternative splicing [J]. Nature, 463 (7280): 457-463.

Paolo B, Pieter JW, Matteo K, et al. 2013. Genetic and physical characterisation of the locus controlling columnar habit in apple (*Malus×domestica* Borkh.) [J]. Molecular Breeding, 31 (2): 429-440.

Park C-J, Han S-W, Chen X, et al. 2010. Elucidation of *XA*21-mediated innate immunity [J]. Cellular Microbiology, 12 (8): 1 017-1 025.

Patocchi A, Vinatzer BA, Gianfranceschi L, et al. 1999. Construction of a 550 kb BAC contig spanning the genomic region containing the apple scab resistance gene *Vf* [J]. Molecular Genetics and Genomics, 262 (4): 884-891.

Peters JL, Cnudde F, Gerats T. 2003. Forward genetics and map-based cloning approaches [J]. Trends in Plant Science, 8 (10): 484-491.

Pirie A, Mullins MG. 1976. Changes in amthocyanin and phenolic content of grapevine leaf and abscisic acid [J]. Plant Physiology, 58: 468-472.

Qi J, Liu X, Shen D, et al. 2013. A genomic variation map provides insights into the genetic basis of cucumber domestication and diversity [J]. Nature Genetics, 45 (12): 1 510-1 515.

Ralph L, Nicholson. 1992. Phenolic compounds and their role in disease resistance [J]. Phytopathology, 30 (30): 369-389.

Richards RI, Sutherland GR. 1992. Dynamic mutations: a new class of mutation causing human disease [J]. Cell, 70 (5): 709-712.

Rizhsky L, Davletova S, Liang H, et al. 2004. The zinc-finger Protein *Zat*12 is required for cytosolic ascorbate Peroxidase 1 expression during oxidative stress in *Arabidopsis* [J]. Journal of Biological Chemistry, 279 (12): 11 736-11 743.

Ryu HS, Han M, Lee SK, et al. 2006. A comprehensive expression analysis of the WRKY gene superfamily in rice plants during defense response [J]. Plant Cell Report, 25 (8): 836-847.

Salvi S., Tuberosa R. 2005. To clone or not to clone plant QTLs: present and ruture challenges [J]. Trends in Plant Science, 10 (6): 297-304.

Schnabel RD, Kim JJ, Ashwell MS, et al. 2005. Fine-mapping milk production quantitative trait loci on BTA6: analysis of the bovine osteopontin gene. Proceedings of the National Academy of Sciences of the United States of America, 102 (19): 6 896-6 901.

Schulze-Lefert P, Panstruga R. 2003. Establishment of biotrophy by parasitic fungi and reprogramming of host cells for disease resistance [J]. Phytopathology, 41 (41): 641-667.

Shan LB, He P, Li JM, et al. 2008. Bacterial effectors target the common signaling partner *BAK*1 to disrupt multiple MAMP receptor-signaling complexes and impede plant immunity [J]. Cell Host Microbe, 4 (1): 17-27.

Srivastava SK, Huang X, Brar HK, et al. 2014. The Genome Sequence of the Fungal Pathogen *Fusarium virguliforme* That Causes Sudden Death Syndrome in Soybean [J]. Plos one, 9 (1): 832.

Sun HH, Zhao YB, Li CM, et al. 2012. Identification of markers linked to major gene loci involved in determination of fruit shape index of apples (*Malus×domestica*) [J]. Euphytica, 185 (2): 185-193.

Takagi H, Abe A, Yoshida K, et al. 2013. QTL-seq: rapid mapping of quantitative trait loci in rice by whole genome resequencing of DNA from two bulked populations [J]. Plant Journal, 74 (1): 174-183.

Takken FLW, Tameling WIL. 2009. To nibble at plant resistance proteins [J]. Science, 324 (5928): 744-746.

Tanabe N, Yoshimura K, Kimura A, et al. 2007. Differential expres-

sion of alternatively spliced mRNAs of arabidopsis SR protein homo-
logs, *atSR*30 and *atSR*45*a*, in response to environmental stress
[J]. Plant Cell Physiology, 48 (7): 1 036−1 049.

Tanksley S. D., Young N. D., Paterson A. H., et al. 1989. RFLP
mapping in plant breeding: new tools for an old science [J]. Bio
Technology, 7 (3): 257−263.

Tartarini S, Sansavini S, Vinatzer B, et al. 2000. Efficiency of marker
assisted selection (MAS) for the *Vf* scab resistance gene [J]. Acta
Horticulturae International Society for Horticultural Science (ISHS),
538 (2): 549−552.

Tartarini S. 1996. RAPD markers linked to the *Vf* gene for scab resist-
ance in apple [J]. Theoretical and Applied Genetics, 92 (7):
803−810.

Tartarini S. 1998. RAPD markers associated with the scab resistance
gene *Vf* of apple [J]. Ag Biotech News And Information, 10
(12): 899.

Tauz D., Renz M. 1984. Simple sequences are ubiquitous repetitive
components of eukaryotic genomes [J]. Nucleic Acids Research,
12 (10): 4 127−4 138.

Van de Veerdonk FL, Kullberg BJ, van der Meer JW, et al. 2008.
Host − microbe interactions: innate pattern recognition of fungal
pathogens [J]. Current Opinion Microbiology, 11 (4): 305−
312.

Varshney RK, Graner A, Sorrells ME. 2005. Genomics − assisted
breeding for crop improvement [J]. Trends in Plant Science, 10
(12): 621−630.

Velasco R, Zharkikh A, Affourtit J, et al. 2010. The genome of the
domesticated apple (*Malus* X *domestica Borkh*) [J]. Nature Genet-
ics, 42 (10): 833−839.

Velho AC, Stadnik MJ, Casanova L, et al. 2014. First report of *Colle-*

totrichum karstii causing Glomerella leaf spot on apple in Santa Catarina State, Brazil [J]. Plant Disease, 98 (98): 157-158.

Vezzulli S, Troggio M, Coppola G, et al. 2008. A reference integrated map for cultivated grapevine (*Vitis vinifera L.*) from three crosses, based on 283 SSR and 501 SNP-based markers [J]. Theoretical Applied Genetics, 117 (4): 499-511.

Wan J, Zhang XC, Neece D, et al. 2008. A LysM receptor-Like kinase plays a critical role in chitin signaling and fungal resistance in *Arabidopsis* [J]. The Plant Cell, 20 (2): 471-481.

Wang B, Li BH, Dong XL, et al. 2015. Effects of temperature, wetness duration and moisture on the conidial germination, infection and disease incubation period of *Glomerella cingulata* [J]. Plant Disease, 99 (2): 249-256.

Wang BB, Brendel V. 2006. Genomewide comparative analysis of alternative splicing in plants [J]. Proceedings of the National Academy of Sciences of the United States of America, 103 (18): 7 175-7 180.

Wang CH, Tian YK, Buck EJ, et al. 2011. Genetic mapping of *PcDw* determining pear dwarf trait [J]. Journal of the American Society for Horticultural Science American Society for Horticultural Science, 136 (1): 48-53.

Wang CX, Zhang ZF, Li BH, et al. 2012. First report of Glomerella Leaf Spot of apple caused by *Glomerella cingulata* in China [J]. Plant Disease, 96 (6): 912.

Wang GL, Paterson AH. 1994. Assessment of DNA Pooling strategies for mapping of QTLs [J]. Theoretical. Applied. Genetics, 88 (3): 355-361.

Wang J, Chapman SC, Bonnett DG, et al. 2007. Application of population genetic theory and simulation models to efficiently pyramid multiple genes via marker-assisted selection [J]. Crop Science, 47

（2）：582-588.

Wang K, Li M, Hakonarson H. 2010. ANNOVAR: functional annotation of genetic variants from high-throughput sequencing data [J]. Nucleic acids research, 38 (16): 164.

Wang W, Fu DD, Zhang R, et al. 2015. Etiology of apple leaf spot caused by *Colletotrichum spp* [J]. Mycosystema, 34: 13-25.

Wang Z, Weber JL, Zhong G, et al. 1994. Survey of plant short tandem DNA repeats [J]. Theoretical and Applied Genetics, 88 (1): 1-6.

William HM, Hoisington D, Singh RP, et al. 1997. Detection of quantitative trait loci associated with leaf rust resistance in bread wheat [J]. Genome, 40: 253-260.

Wittwer CT. 2009. High-resolution DNA melting analysis: advancements and limitations [J]. Human Mutation, 30 (6): 857-859.

Wu J, Wang Z, Shi Z, et al. 2013. The genome of the pear (*Pyrus bretschneideri Rehd.*) [J]. Genome Research, 23 (2): 396-408.

Xiang TT, Zong N, Zou Y, et al. 2008. *Pseudomonas syringae* effector *AvrPto* blocks innate immunity by targeting receptor kinases [J]. Current Biology, 18 (1): 74-80.

Xu NL, Korban SS. 2000. Saturation mapping of the apple scab resistance gene *Vf* using AFLP markers [J]. Theoretical Applied Genetics, 101 (5): 844-851.

Xu Q, Chen LL, Ruan X, et al. 2013. The draft genome of sweet orange (*Citrus sinensis*) [J]. Nature Genetics, 45 (1): 59-66.

Yang H, Krüger J. 1994. Identification of an RAPD marker linked to the *Vf* gene for scab resistance in apples [J]. Euphytica, 77 (1): 83-87.

Yang HY, Korban SS, Krüger J, et al. 1997. The use of a modified bulk segregant analysis to identify a molecular marker linked to a scab resistance gene in apple [J]. Euphytica, 94 (2): 175-182.

Yang Hy, Korban SS. 1996. Screening apples for OPD20/600 using sequence-specific primers [J]. Theoretical Applied Genetics, 92 (2): 263-266.

Young RA, Melotto M, Nodari RO, et al. 1998. Marker assisted dissection of oligogenic anthracnose resistance in the common bean cultivar, G2333 [J]. Theoretical Applied Genetics, 96 (1): 87-94.

Yu JK, Tang S, Slabaugh MB, et al. 2003. Towards a saturated molecular genetic linkage map for cultivated sunflower [J]. Crop Science, 43 (1): 367-387.

Zhang J, Shao F, Li Y, et al. 2007. A *Pseudomonas syringae* effector inactivates MAPKs to suppress PAMP-induced immunity in plants [J]. Cell Host & Microbe, 1 (3): 175-185.

Zhang J, Zhou JM. 2010. Plant immunity triggered by microbial molecular signatures [J]. Molecular Plant, 3 (5): 783-793.

Zhang XC, Gassmann W. 2003. *RPS4*-mediated disease resistance requires the combined presence of *RPS4* transcripts with full length and truncated open reading frames [J]. Plant Cell, 15 (10): 2 333-2 342.

Zhao JW, Wang JL, An LL, et al. 2007. Analysis of gene expression profiles in response to Sclerotinia sclerotiorum in *Brassica napus* [J]. Planta, 227 (1): 13-24.

Zipfel C, Kunze G, Chinchilla D, et al. 2006. Perception of the bacterial PAMP *EF-Tu* by the receptor EFR restricts agrobacterium-mediated transformation [J]. Cell, 125 (4): 749-760.

Zipfel C. 2008. Pattern-recognition receptors in plant innate immunity [J]. Current Opinion in Immunology, 20 (1): 10-16.

附　　录

附录一　DNA 的提取方法

主要步骤如下。

（1）将 800 μl 提取缓冲液 CTAB buffer（内含 2% CTAB、100 mmol/L Tris-HCl pH 值 8.0、20 mmol/L EDTA、1.4 mol/L NaCl、2% PVP30、1%的 β-巯基乙醇）加入 2 ml 的离心管内 65℃预热。

（2）从−70℃超低温冰箱中取 0.2 g '富士' 和 '金冠' 及其杂交群体单株的嫩叶，放入研钵中，加入液氮迅速研磨成粉末状，并迅速转移到装有预热的提取缓冲液的离心管内，并上下颠倒混匀。

（3）65℃水浴中保温 3 min，数次颠倒使内含物充分混匀。

（4）将离心管取出，加 800 μl 氯仿：异戊醇（体积比为 24：1）。颠倒充分混合，温和震荡 2~3 min。

（5）在高速离心机上离心 10 min（14 000 r/min），将上清液转移到 1.5 ml 离心管中。

（6）加入 6 μl RNase（10 mg/ml）充分混匀，在 37℃恒温箱内温育 1 h，再用氯仿：异戊醇抽提 1 次。

（7）加 500 μl 事先在−20℃冰箱内预冷的异丙醇，上下颠倒混匀后，于 4℃冰箱中沉淀 DNA 10~25 min。

（8）在高速离心机上 14 000 r/min 离心 3 min，然后弃掉上清，得到沉于离心管底部的 DNA。

（9）用 500 μl 75%乙醇洗 DNA 沉淀两次。倒掉乙醇，注意不要将 DNA 倒出。

（10）在超净工作台上干燥 DNA 2 h。

（11）将吹干的 DNA 溶于 100 μl 超纯水中。

附录二　琼脂糖凝胶电泳的检测方法

1. 缓冲液的的制备

取适量 50×TBE 缓冲液配制成 1×TBE 稀释缓冲液，待用。

2. 胶液的制备

称取 1 g 琼脂糖，置于锥形瓶中，加入 100 ml 1×TBE 稀释缓冲液，放入微波炉里加热至琼脂糖全部熔化，取出摇匀，制成 1% 琼脂糖凝胶液。加热过程中要不时摇动，使附于瓶壁上的琼脂糖颗粒进入溶液。

3. 胶板的制备

待凝胶温度稍低后加入 5 μl EB（溴化乙锭），混匀，然后倒入模具中（注意不要有气泡），加上合适的梳子形成加样孔，梳子的位置应该在托盘底面上 0.5~1.0 mm。

4. 待胶完全凝固后拔出梳子

注意不要损伤梳底部的凝胶，将模具放入电泳槽内并加入 1×TBE 稀释缓冲液至液面恰好没过胶板上表面。

5. 加样

取 10 μl DNA 稀释液，用微量移液枪小心加入样品槽中。每加完一个样品要更换 tip 头，以防止互相污染，注意上样时要小心操作，避免损坏凝胶或将样品槽底部凝胶刺穿。

6. 电泳

加完样后，合上电泳槽盖，立即接通电源。DNA 应该向阳极泳动，用 120 V 电压电泳 15~30 min，停止电泳。

附录三　非变性聚丙烯酰胺凝胶的制备及银染方法

1. 6%非变性聚丙烯酰胺凝胶的制备方法

（1）胶板的制备。先用水将平板和耳朵板冲洗干净，将其平放在桌面上，用餐巾纸将其擦干之后，用95%酒精擦洗2次，待其干后，将0.5%的Banding silane溶液均匀的倒在平板上，用餐巾纸迅速将其涂匀，待其晾干，然后将洗干净的梳子和压条整齐的摆在平板之上，将2%的Repel silane溶液均匀的涂在耳朵板上（此项操作应在通风橱中进行），待其晾干后，将其整齐摆放在平板之上，用夹子将其夹好。

（2）凝胶的制备。取50%的PA胶50 ml，加入60 μl的TEMED，120 μl 10%的过硫酸铵（APS），温和混匀。

（3）灌胶。将混合好的胶沿着玻璃板的灌胶口缓缓灌入，注意使灌入的胶基本上沿着一条直线灌入，如不整齐，可用手轻轻拍打胶板，使胶保持同一直线灌入，避免气泡的产生。胶灌入到底部之后，迅速将梳子平面插入到两玻璃板之间，插好梳子之后，用夹子夹好，让其聚合1 h后用于电泳。

（4）电泳。加入电极缓冲液lxTBE，50 W恒功率，预电泳10 min后，清除气泡，插入梳齿，将扩增好的PCR产物，加入6 μl的溴酚蓝，混匀95℃变性5 min，之后用微量加样器取6 μl，进行电泳1 h左右（根据分子量的大小调整电泳时间）。

2. 非变性聚丙烯酰胺凝胶电泳的银染方法（体积100 ml）

（1）固定。在磁盘中加入10%的乙醇和500 μl冰乙酸，摇匀后加入凝胶，再平行摇动3~5 min。

（2）染色。在固定液中加入1 ml 20% $AgNO_3$储备液后，平行摇动5~8 min。

（3）漂洗。倒掉定影液，加入蒸馏水漂洗2~3次，洗净后，倒掉蒸馏水。

（4）显色。在磁盘中加入 100 ml 3% NaOH 溶液和 500 μl 甲醛，迅速振荡，使显影液均匀作用，然后平行摇动，直至显影。

（5）洗涤。清楚显影后，倒掉显影液，用自来水清洗凝胶 1~2 次，彻底去掉显影液，以免保存时变色。

附录四 SSR 标记序列分析方法

1. 胶回收

（1）将 PCR 产物进行琼脂糖凝胶电泳。

（2）在紫外灯下切出含有目的片段 DNA 的琼脂糖凝胶，用纸巾吸尽凝胶表面的液体。此时应注意尽量切除不含目的片段 DNA 部分的凝胶，尽量减小凝胶体积，提高 DNA 回收率。胶块超过 300 mg 时，使用多个 Column 进行回收，否则严重影响回收率。

注：切胶时注意不要将 DNA 长时间暴露于紫外灯下，以防 DNA 损伤。

（3）切碎胶块。胶块切碎后可以加快操作步骤 6 的胶块溶解时间，提高 DNA 回收率。

（4）称量胶块重量，计算胶块体积。计算胶块体积时，以 1 mg = 1 μl 进行计算。

（5）向胶块中加入胶块溶解液 Buffer GM，Buffer GM 的加量如下表。

凝胶浓度	Buffer GM 使用量
1.0%	3 个凝胶体积量
1.0% ~ 1.5%	4 个凝胶体积量
1.5% ~ 2.0%	5 个凝胶体积量

（6）将不溶解液与胶块充分混合后，15~25℃溶解胶块（胶浓度较大或比较难溶时可以在 37℃加热）。间断振荡混合，使胶块充分溶解（5~10 min）。

注：胶块一定要充分溶解，否则将会严重影响 DNA 的回收率。高浓度凝胶可以适当延长溶胶时间。

（7）当凝胶完全溶解后，观察溶胶液的颜色，如果溶胶液颜色由黄色变为橙色或粉色，向上述胶块溶解液中加入 3 M 醋酸钠溶液

（pH 值 5.2）10 μl，均匀混合至溶液恢复黄色。当分离小于 400 bp 的 DNA 片段时，应在此溶液中再加入终浓度为 20% 的异丙醇。

（8）将试剂盒中的 Spin Column 安置于 Collection Tube 上。

（9）将上述操作步骤 7 的溶液转移至 Spin Column 中，12 000 r/min 离心 1 min，弃滤液。

注：如将滤液再加入 Spin Column 中离心一次，可以提高 DNA 的回收率。

（10）将 700 μl 的 Buffer WB 加入 Spin Column 中，室温 12 000 r/min 离心 30 s，弃滤液。

注：确认 Buffer WB 中已经加入了指定体积的 100% 乙醇。

（11）重复操作步骤 10。

（12）将 Spin Column 安置于 Collection Tube 上，室温 12 000 r/min 离心 1 min。

（13）将 Spin Column 安置于新的 1.5 ml 的离心管上，在 Spin Column 膜的中央处加入 30 μl 灭菌蒸馏水或 Elution Buffer，室温静置 1 min。

注：将灭菌蒸馏水或 Elution Buffer 加热至 60℃ 使用时有利于提高洗脱效率。

（14）室温 12 000 r/min 离心 1 min 洗脱 DNA。

2. 大肠杆菌感受态的制备

（1）取大肠杆菌 DH5α 在 LB 培养基上划线，37℃ 培养箱内过夜培养，长出单菌落。

（2）挑取单菌落，接种于 4 ml 不含抗生素的 LB 培养基上，37℃ 振荡（轻摇）培养过夜。

（3）过夜培养的菌液与 LB 培养基按 1∶50 的比例转入三角瓶，37℃ 振荡培养（约 3 h），至 OD600＝0.4～0.6。

（4）4℃，5 000 r/min 离心 5 min，轻轻倒掉上清，用 5 ml（1/5 体积）预冷的 0.1 mol/L Mgcl$_2$ 悬浮细胞（0.95 g/100 ml）。

（5）4℃，5 000 r/min 离心 5 min，轻轻倒掉上清，用 12.5 ml（1/2 体积）预冷的 0.1 mol/L CaCl$_2$ 悬浮细胞，冰浴放置 20 min

（1.1 g/100 ml）。

（6）4℃，5 000 r/min 离心 5 min，轻轻倒掉上清，用 2.5 ml 预冷的 0.1 mol/L CaCl₂（含 10% 的甘油）悬浮细胞，分装，每管 120 μl。

（7）液氮速冻，−80℃ 保存。

3. 目的基因连接

载体 pMD−19T simple 1 μl，目的 DNA 4 μl，solution Ⅰ 5 μl，混匀后于 16℃ 金属浴中反应 30 min。

4. 目的基因转化

（1）1.5 ml 离心管中加入 10 μl 的连接产物和 50 μl 大肠杆菌感受态细胞。

（2）冰上放置 30 min。

（3）42℃ 金属浴加热 45 s 后，冰中放置 1 min。

（4）加入 500 μl LB 液体培养基，37℃，200 r/min 振荡培养 45 min。

（5）取 100 μl 菌液涂板（LB+Amp+），37℃ 过夜培养。

（6）过夜培养之后，挑取单克隆菌落，加到 LB 液体培养基（Amp+ 100 mg/L）中 37℃，200 r/min 振荡培养 6~8 h。

（7）菌液 PCR 检测正确后，送测序。

附表 1　实验所用已发表 SSR 引物列表

序号	引物名称	正向引物序列	反向引物序列	染色体位置
1	CH03g12	GCGCTGAAAAAGGTCAGTTT	CAAGGATGCGCATGTATTTG	Chr1
2	CH05g08	CCAAGACCAAGGCAACATTT	CCCTTCACCTCATTCTCACC	Chr1
3	Hi02c07	AGAGCTACGGGGATCCAAAT	GTTTAAGCATCCCGATTGAAAGG	Chr1
4	Hi07d08	TGACATGCTTTTAGAGGTGGAC	GTTTGAGGGGTGTCCGTACAAG	Chr1
5	Hi12c02	GCAATGGCGTTCTAGGATTC	GTTTCACCAACAGCTGGGACAAG	Chr1
6	C10455	AAGGCAATACAAGACGGACG	TTCACACCGAAAGCCTCTCT	Chr1
7	Hi21g05	GACGAGCTCAAGAAGCGAAC	GTTTGCTCTTGCCATTTTCTTTCG	Chr1
8	C13810	CGTCCTAGATAGATGCCCCA	CAGGACTCTAAGGACTGCCG	Chr1

（续表）

序号	引物名称	正向引物序列	反向引物序列	染色体位置
9	C13280	CTCCTCCTCCCTCAGTACCC	CCTTCACTCACCTTTCTCGC	Chr1
10	C16757	AATGGGACCCAACTGGTACA	TCGACCATACAAATTGCTGC	Chr1
11	C6948	CTTGGAGCTGTGAGAGTCCC	CAAACCTCTCATCGCAACCT	Chr1
12	KA4b	AAAGGTCTCTCTCACTGTCT	CCTCAGCCCAACTCAAAGCC	Chr1
13	CH02a04	GAAACAGGCGCCATTATTTG	AAAGGAGACGTTGCAAGTGG	Chr2
14	CH02b10	CAAGGAAATCATCAAAGATTCAAG	CAAGTGGCTTCGGATAGTTG	Chr2
15	CH02c02a	CTTCAAGTTCAGCATCAAGACAA	TAGGGCACACTTGCTGGTC	Chr2
16	CH02c06	TGACGAAATCCACTACTAATGCA	GATTGCGCGCTTTTTAACAT	Chr2
17	CH02f06	CCCTCTTCAGACCTGCATATG	ACTGTTTCCAAGCGATCAGG	Chr2
18	CH03d01	CGCACCACAAATCCAACTC	AGAGTCAGAAGCACAGCCTC	Chr2
19	CH03d10	CTCCCTTACCAAAAACACCAAA	GTGATTAAGAGAGTGATCGGGG	Chr2
20	CH05e03	CGAATATTTTCACTCTGACTGGG	CAAGTTGTTGTACTGCTCCGAC	Chr2
21	Hi02a07	TTGAAGCTAGCATTTGCCTGT	TAGATTGCCCAAAGACTGGG	Chr2
22	Hi05g12	TCTCTAGCATCCATTGCTTCTG	GTTTGTGTGTTCTCTCATCGGATTC	Chr2
23	Hi07d12	GGAATGAGGGAGAAGGAAGTG	GTTTCCTCTTCACGTGGGATGTACC	Chr2
24	Hi08f05	GTGTGGGCGATTCTAACTGC	GTTTCCTTTATTCTAAACATGCCACGTC	Chr2
25	Hi08g12	AGTTCGGTCGGTTCCGTAAT	GTTTAGGGCAAGGGGAAAGAAGT	Chr2
26	Hi22d06	CCCCGAGCTCTACCTCAAA	CATTATGTTTCCGGTTTTTGG	Chr2
27	Hi24f04	CCGACGGCTCAAAGACAAC	TGAAAAGTGAAGGGAATGGAAG	Chr2
28	AJ251116	GATCAGAAAATTGCTAGGAAAAGG	AGAGAACGGTGAGCTCCTGA	Chr2
29	AT000400	CTCCCTTTGCTCCCTCTCTT	AGGATGTCAGGGTTGTACGG	Chr2
30	CN444636	CACCACTTGAGTAATCGTAAGAGC	GTTTGCCAGTTAAGGACCACAAGG	Chr2
31	CN493139	CACGACCTCCAAACCTATGC	GTTTATGAAAGTACGGCACCCATC	Chr2
32	CN581493	GCTTTTCATGGTGGAAAAACTG	GTTTGACTCTCCGCTCTGATGGAC	Chr2
33	NH033b	GTCTGAAACAAAAAGCATCGCAA	CTGCCTCGTCTTCCTCCTTATCTCC	Chr2
34	CH03e03	GCACATTCTGCCTTATCTTGG	AAAACCCACAAATAGCGCC	Chr3
35	CH03g07	AATAAGCATTCAAAGCAATCCG	TTTTTCCAAATCGAGTTTCGTT	Chr3
36	MS14h03	CGCTCACCTCGTAGACGT	ATGCAATGGCTAAGCATA	Chr3

（续表）

序号	引物名称	正向引物序列	反向引物序列	染色体位置
37	Hi03d06	TCATGGATCATTTCGGCTAA	GTTTGCCAATTTTATCCAGGTTGC	Chr3
38	Hi03e03	ACGGGTGAGACTCCTTGTTG	GTTTAACAGCGGGAGATCAAGAAC	Chr3
39	Hi04c10	TGCGCATTTGATAGAGAGAGAA	GTTTAACAAAGAACGACCCACCTG	Chr3
40	Hi05f12	TTTGGGTTTGGGTAGGTTAGG	GTTTGTGCAGCGCATGCTAATG	Chr3
41	Hi07e08	TTCGTGCTAGGGAGTTGTAGC	GTTTGCCTCCATAGGATTATTTGAC	Chr3
42	Hi15b02	TATGGTGGCAACAGTGGAGA	GTTTCGCCACCTCCACTTAACATC	Chr3
43	Hi15h12	GAACAAGAAGGACGCGAATC	GTTTGGGCCTCGTTATCACTACCA	Chr3
44	AU223657	TTCTCCGTCCCCTTCAACTA	CACCTTGAGGCCTCTGTAGC	Chr3
45	HGA8b	AACAAGCAAAGGCAGAACAA	CATAGAGAAAGCAAAGCAAA	Chr3
46	GD12	CTAACGAAGCCGCCATTTCTTT	TTGAGGTGTTTCTCCCATTGGA	Chr3
47	IPPN15	AACCATGGCATTGGATTGAT	GAAGCACTCAATGGGGAAAA	Chr3
48	NZmsCN943818	TGAACAGCTCATCGTCGGTA	CGGGAAGAGGAAATGTGATT	Chr3
49	C9312	TCCACCAGTGACAAGAGCTG	AGGATTCAATCAGCTACGCC	Chr3
50	C6359	CGGAAATGGTCACTGGAACT	TGGGACGGACACACACAC	Chr3
51	CH01b12	CGCATGCTGACATGTTGAAT	CGGTGAGCCCTCTTATGTGA	Chr4
52	CH01d03	CCACTTGGCAATGACTCCTC	ACCTTACCGCCAATGTGAAG	Chr4
53	CH02c02b	TGCATGCATGGAAACGAC	TGGAAAAAGTCACACTGCTCC	Chr4
54	CH02h11a	CGTGGCATGCCTATCATTTG	CTGTTTGAACCGCTTCCTTC	Chr4
55	CH04e02	GGCGATGACTACCAGGAAAA	ATGTAGCCAAGCCAGCGTAT	Chr4
56	CH05d02	AAACTCCCTCACCTCACATCAC	AATAGTCCAATGGTGTGGATGG	Chr4
57	Hi01e10	TGGGCTTGTTTAGTGTGTCAG	GTTTGGCTAGTGATGGTGGAGGTG	Chr4
58	Hi07b02	ATTTGGGGTTTCAACAATGG	GTTTCGGACATCAAACAAATGTGC	Chr4
59	Hi08e04	GCATGGTGGCCTTTCTAAG	GTTTACCCTCTGACTCAACCCAAC	Chr4
60	Hi08h03	GCAATGGCGTTCTAGGATTC	GGTGGTGAACCCTTAATTGG	Chr4
61	Hi23d11b	GACAGCCAGAAGAACCCAAC	GTTTATTGGTCCATTTCCCAGGAG	Chr4
62	Hi23g02	TTTTCCAGGATATACTACCCTTCC	GTTTCTTCGAGGTCAGGGTTTG	Chr4
63	Hi23g08	AGCCGTTTCCCTCCGTTT	GTTTGTGGATGAGAAGCACAGTCA	Chr4
64	AT000420	TTGGACCAATTATCTCTGCTATT	GATGTGGTCAGGGAGAGGAG	Chr4

（续表）

序号	引物名称	正向引物序列	反向引物序列	染色体位置
65	MSS6	CGAAACTCAAAAACGAAATCAA	ACGGGAGAGAAACTCAAGACC	Chr4
66	C12595	ATGAAAACCCACAAAACCCA	AAACCATACACAACGCCACA	Chr4
67	C13146	CTGGGAAAAATGGGGAAAAT	GCTTTCCCTTTCCTTCTTCAA	Chr4
68	C15	TTGCGAGAAAGCTAAAAACCA	CAGACTCTGCAACCCCTCTC	Chr4
69	CH01d07	AGTCGAAATCCCGAACAATC	AAAATCCAGTTTTCCACCTC	Chr4
70	NZ01a6	TTAGACGACGCTACTTGTCCT	AGGATTGCTGGAAAAGGAGG	Chr4
71	GD162	AAAATGTAACAACCCGTCCAAGTG	GAGGCAAGTGACAAAGAAAGATG	Chr4
72	NH011b	TTTGCCGTTGGACCGAGC	GGTTCACATAGAGAGAGAGAG	Chr4
73	CH02a08	GAGGAGCTGAAGCAGCAGAG	ATGCCAACAAAAGCATAGCC	Chr5
74	CH02b12	GGCAGGCTTTACGATTATGC	CCCACTAAAAGTTCACAGGC	Chr5
75	CH03a04	GACGCATAACTTCTCTTCCACC	TCAAGGTGTGCTAGACAAGGAG	Chr5
76	CH03a09	GCCAGGTGTGACTCCTTCTC	CTGCAGCTGCTGAAACTGG	Chr5
77	CH04e03	TTGAAGATGTTTGGCTGTGC	TGCATGTCTGTCTCCTCCAT	Chr5
78	CH04g09	TTGTCGCACAAGCCAGTTTA	GAAGACTCATGGGTGCCATT	Chr5
79	CH05e06	ACACGCACAGAGACAGAGACAT	GTTGAATAGCATCCCAAATGGT	Chr5
80	CH05f06	TTAGATCCGGTCACTCTCCACT	TGGAGGAAGACGAAGAAGAAG	Chr5
81	Hi01c04	GCTGCCGTTGACGTTAGAG	GTTTGTAGAAGTGGCGTTTGAGG	Chr5
82	Hi02a03	GACATGTGGTAGAACTCATCG	GTTTAGTGCGATTCATTTCCAAGG	Chr5
83	Hi04a08	TTGAAGGAGTTTCCGGTTTG	GTTTCACTCTGTGCTGGATTATGC	Chr5
84	Hi04d02	TTCGTGGCTGAGAAAGGAGT	GTTTGTACGGTGCATTGTGAAAG	Chr5
85	Hi08a04	TTGTCCTTCTGTGGTTGCAG	GTTTGAAGGTAAGGGCATTGTGG	Chr5
86	Hi08h08	TGAACAAATTCCACCACGAA	GTTTGCCAAGGCTACAATTTTCA	Chr5
87	Hi09b04	GCGATGACCAATCTCTGAAAC	TGGGCTTGAATTGGTGAATC	Chr5
88	Hi11a03	GGAATTGGAGCTTGATGCAG	GTTTCATACGGAATGGCAAATCG	Chr5
89	Hi15e04	AAACCTCTGCATTCCGTCTC	CTCATACTCCTCCCACATTGTC	Chr5
90	Hi21c08	TTCTTCTCCTCCACCACCTC	GTTTGTCACTGAGAAGGCGGTAGC	Chr5
91	Hi22a07	CTCTTCCTTCTCCGCCTCTT	GTTTCACTCAGAATGCCTCACAGC	Chr5
92	Hi22f12	GGCCTCACCCAGTCTACATT	GTTTGGTGTGATGGGGTACTTTGC	Chr5

（续表）

序号	引物名称	正向引物序列	反向引物序列	染色体位置
93	AU223670	GGACTCAATGCCTTTTCTGG	AGGATGGCAGCAATCTTGAA	Chr5
94	CN445599	TCAAATGGGTTCGATCTTCAC	GTTTGCCTGGCTGTAACTGTTTGG	Chr5
95	CN496002	TCAGAATCTCAAGCAAGATCCTC	GTTTGATTGATCGTGGCGATATG	Chr5
96	CH03d07	CAAATCAATGCAAAACTGTCA	GGCTTCTGGCCATGATTTTA	Chr6
97	CH03d12	GCCCAGAAGCAATAAGTAAACC	ATTGCTCCATGCATAAAGGG	Chr6
98	CH05a05	TGTATCAGTGGTTTGCATGAAC	GCAACTCCCAACTCTTCTTTCT	Chr6
99	Hi03a03	ACACTTCCGGATTTCTGCTC	GTTTGTTGCTGTTGGATTATGCC	Chr6
100	CH01b11	AACCTAACCAAACACGTACG	GTTCGGCTGTACTCTTTGAG	Chr6
101	Hi04d10	AAATTCCCACTCCTCCCTGT	GTTTGAGACGGATTGGGGTAG	Chr6
102	Hi05d10	AATGGGTGGTTTGGGCTTA	GTTTCTTTGGCTATTAGGCCTGC	Chr6
103	Hi07b06	AGCTGCAGGTAGAGTTCCAAG	GTTTCATTACCATTACACGTACAGC	Chr6
104	Hi08g03	ATTCACTTCCACCGCCATAG	GTTTGGAATGATTGCGAGTGAAGC	Chr6
105	CN445290	TCTCAGTTGCTCTGGCTTTG	GTTTGCAATCAATGCCACTCTTC	Chr6
106	U78949	TTTGTCTACCTCTGATCTTAACCAA	CAGCATCGCAGAGAACTGAG	Chr6
107	CH04e05	AGGCTAACAGAAATGTGGTTTG	ATGGCTCCTATTGCCATCAT	Chr7
108	Hi01d05	GGTATCCTCTTCATCGCCTG	TTAGATTGACGTTCCGACCC	Chr7
109	Hi03a10	GGACCTGCTTCCCCTTATTC	GTTTCAGGGAACTTGTTTGATGG	Chr7
110	Hi12f04	ATTGTCCCCACAAAATTGGA	TGTTCGATGTGACTTCAATGC	Chr7
111	CN444794	CATGGCAGGTGCTAAACTTG	AAACTGAAGCCATGAGGGC	Chr7
112	CH02b11	CACAACGCAGTTCGATCACT	ACCTTACCTGGTAGAGAGAGA	Chr7
113	EMPc111	CCGATCAGAAAGAGCTGTGAGT	CAAACCTTCCAACCTCAACAAT	Chr7
114	Hi05b09	GTTTCTAACGTGCGCCTAACGTG	AAACCCAACCCAAAGAGTGG	Chr7
115	MS06c09	AATATAAGAGCCAGAGGC	ACTATTGGAGTAAGTCGA	Chr7
116	Z38126	AAGAGGGTGTTCCCAGATCC	AATTCCAATTTCAGAACAGG	Chr7
117	CH01c06	TTCCCCATCATCGATCTCTC	AGGAGGGATTGTTTGTGCAC	Chr8
118	CH01f09	ATGTACATCAAAGTGTGGATTG	CAAACAAACCAGTACCGCAA	Chr8
119	CH01h10	TGCAAAGATAGGTAGATATATGCCA	TTTTGACCCCATAAAACCCAC	Chr8
120	CH02g09	TCAGACAGAAGAGGAACTGTATTTG	GTTTGAGTTTGATCTCCAACATTAC	Chr8

（续表）

序号	引物名称	正向引物序列	反向引物序列	染色体位置
121	CH05a02	GTTGCAAGAGTTGCATGTTAGC	GTTTGAGCAGAGGTTGCTGTTGC	Chr8
122	Hi01c11	TTGGGCCACTTCACAACAG	GGTGCGCTGTCTTCCATAAA	Chr8
123	Hi04b12	CCCAAACTCCCAACAAAGC	GTTTAGTTGCTAATGGCGTGTCG	Chr8
124	Hi04e05	AAGGGTGTTTGCGGAGTTAG	GTTTGTCTACAACTGTCTGATGGTAGC	Chr8
125	Hi20b03	AAACTGCAATCCACAACTGC	GTTTAAAGGGGCCCACAAAGTG	Chr8
126	Hi22g06	GAAAGGACCGAATTTCATGC	GGACATGGATGAAGAATTGGA	Chr8
127	Hi23g12	CCCTTCCCTACCAAATGGAC	CTCCCCGGCTCCTATTCTAC	Chr8
128	Z71980	TCTTTCTCTGAAGCTCTCATCTTTC	ATCTTTTGGTGCTCCCACAC	Chr8
129	CH01f03b	GAGAAGCAAATGCAAAACCC	GGGATGCATTGCTAAATAGGAT	Chr9
130	CH01h02	AGAGCTTCGAGCTTCGTTTG	TGATTGCCACATGTCAGTGTT	Chr9
131	CH05c07	TGATGCATTAGGGCTTGTACTT	GTTTACCAATTAGGACTTAAAGCTG	Chr9
132	CH05d08	TCATGGATGGGAAAAAGAGG	GTTTCATGTCAAATCCGATCATCAC	Chr9
133	Hi01d01	CTGAAATGGAAGGCTTGGAG	ATTTATGGTGATGGTGTGAACGTG	Chr9
134	Hi04a05	GGCAGCAGGGATGTATTCTG	GTTTCAAGAACCGTGCGAAATG	Chr9
135	Hi05e07	CCCAAGTCCCTATCCCTCTC	GCTTAATAGAAACATCGCTGA	Chr9
136	Hi23d06	TTGAAACCCGTACATTCAACTC	GTTTGCAGTGGATTGATGTTCC	Chr9
137	AJ320188	AACGATGCTTGAGGAAGAACA	CCTCCCGTCTCCCACCATATTAG	Chr9
138	CN444542	ATAAGCCAGGCCACCAAATC	CGTTTTTGGAGCGTAGGAAC	Chr9
139	NH029a	GAAGAAAACCAGAGCAGGGCA	GCAAAAACCACAGGCATAAC	Chr9
140	CH02a10	ATGCCAATGCATGAGACAAA	ACACGCAGCTGAAACACTTG	Chr10
141	CH02b03b	ATAAGGATACAAAAACCCTACACAG	GACATGTTTGGTTGAAAACTTG	Chr10
142	CH02b07	CCAGACAAGTCATCACAACACTC	ATGTCGATGTCGCTCTGTTG	Chr10
143	CH02c11	TGAAGGCAATCACTCTGTGC	TTCCGAGAATCCTCTTCGAC	Chr10
144	CH03d11	ACCCCACAGAAACCTTCTCC	CAACTGCAAGAATCGCAGAG	Chr10
145	COL	AGGAGAAAGGCGTTTACCTG	GACTCATTCTTCGTCGTCACTG	Chr10
146	MS01a03	AGCAGTATAGGTCTTCAG	TGCGTAGATAACACTCGAT	Chr10
147	MS02a01	CTCCTACATTGACATTGCAT	TAGACATTTGATGAGACTG	Chr10
148	MS06g03	CGGAGGGTGTGCTGCCGAAG	GCCCAGCCCATATCTGCT	Chr10

（续表）

序号	引物名称	正向引物序列	反向引物序列	染色体位置
149	Hi01a03	CGAATGAAATGTCTAAACAGGC	AAGCTACAGGCTTGTTGATAACG	Chr10
150	Hi01b01	GCTACAGGCTTGTTGATAACGC	ACGAATGAAATGTCTAAACAGGC	Chr10
151	Hi02d04	TGCTGAGTTGGCTAGAAGAGC	GTTTAAGTTCGCCAACATCGTCTC	Chr10
152	Hi03c04	CGTAAATAGCGAATCCGATACC	GTTTCAACATCTGTGGGTCATTGC	Chr10
153	Hi03f06	ACGATTTGGTGATCCGATTC	GTTTCGTCGCATTGTGCTTCAC	Chr10
154	Hi04f08	CGTGAAAACTCTAACTCTCC	GTTTGAAAAGCGCATCAAAGTTCC	Chr10
155	Hi05b02	GATGCGGTTTGACTTGCTTC	GTTTCTCCAGCTCCCATAGATTGC	Chr10
156	Hi08g06	AATCGAACCAGCACAGGAAG	GTTTAGATGGAGGTCGTGGTTACG	Chr10
157	Hi08h12	GAAGGAAATCATCATCAAGACG	GTTTCAAGACCATGGAACAACTTGG	Chr10
158	Hi21f08	GAGAAAACGCAGAAGCATTG	AGTAATGATTTCATCGCGAGTC	Chr10
159	Hi22f04	TCAATCCTCTGCTCTTCAAGG	GTTTAATCACCTGCTGCTGCTTG	Chr10
160	AF057134	ACTACCCAATGCCCACAAAG	TATCCTCGCCCAAAAGACTG	Chr10
161	AU223548	ACCACCACTGCAGAGACTCA	GACGCACCCATTCATCTTTT	Chr10
162	CH02d08	TCCAAAATGGCGTACCTCTC	GCAGACACTCACTCACTATCTCTC	Chr11
163	CH02d12	AACCAGATTTGCTTGCCATC	GCTGGTGGTAAACGTGGTG	Chr11
164	CH03d02	AAACTTTCACTTTCACCCACG	ACTACATTTTTAGATTTGTGCGTC	Chr11
165	CH04a12	CAGCCTGCAACTGCACTTAT	ATCCATGGTCCCATAAACCA	Chr11
166	CH04d07	TGTCCTCCAATCTTAACCCG	CACACAGACGACACATTCACC	Chr11
167	CH04d10	GAGGGATCTGTAGCTCCGAC	TGGTGAGTATCTGCTCGCTG	Chr11
168	CH04g07	CCCTAACCTCAATCCCCAAT	ATGAGGCAGGTGAAGAAGGA	Chr11
169	CH04h02	GGAAGCTGCATGATGAGACC	CTCAAGGATTTCATGCCCAC	Chr11
170	Hi01d06	GGAGAGTTCCTGGGGTTCCAC	AAGTGCACCCACACCCTTAC	Chr11
171	Hi02a09	ATCTCTAAGGGCAGGCAGAC	CTGACTCTTTGGGAAGGGC	Chr11
172	Hi02c06	AGCAAGCGGTTGGAGAGA	GTTTGCAACAGGTGGACTTGCTCT	Chr11
173	Hi04g11	CAGAGGATTATCAATTGGACGC	AAACTATCTCCAGTTATCCTGCTTC	Chr11
174	Hi06b06	GGTGGGATTGTGGTTACTGG	GTTTCATCGTCGGCAAGAACTAGAG	Chr11
175	Hi07d11	CCTTAGGGCCTTTGTGGTAAG	GTTTGAGCCGATTAGGGTTTAGGG	Chr11
176	Hi07g10	TATTGGGTTTTGGGTTTGGA	GTTTCAACCCTTTTGGTTGTGAGG	Chr11

（续表）

序号	引物名称	正向引物序列	反向引物序列	染色体位置
177	Hi09a01	GAAGCAACCACCAGAAGAGC	GTTTCCCATTCGCTGGTACTTGAG	Chr11
178	Hi16d02	AACCCAACTGCCTCCTTTTC	GTTTCGACATGATCTGCCTTG	Chr11
179	Hi23d02	CCGGCATATCAAAGTCTTCC	GTTTGATGGTCTGAGGCAATGGAG	Chr11
180	CN491050	CGCTGATGCGATAATCAATG	GTTTCACCCACAGAATCACCAGA	Chr11
181	CH01d09	GCCATCTGAACAGAATGTGC	CCCTTCATTCACATTTCCAG	Chr12
182	CH01f02	ACCACATTAGAGCAGTTGAGG	CTGGTTTGTTTTCCTCCAGC	Chr12
183	CH01g12	CCCACCAATCAAAAATCACC	TGAAGTATGGTGGTGCGTTC	Chr12
184	CH03c02	TCACTATTTACGGGATCAAGCA	GTGCAGAGTCTTTGACAAGGC	Chr12
185	CH04d02	CGTACGCTGCTTCTTTTGCT	CTATCCACCACCCGTCAACT	Chr12
186	CH04g04	AGTGGCTGATGAGGATGAGG	GCTAGTTGCACCAAGTTCACA	Chr12
187	CH05d04	ACTTGTGAGCCGTGAGAGGT	TCCGAAGGTATGCTTCGATT	Chr12
188	CH05d11	CACAACCTGATATCCGGGAC	GAGAAGGTCGTACATTCCTCAA	Chr12
189	CH05g07	CCCAAGCAATATAGTGAATCTCAA	TTCATCTCCTGCTGCAAATAAC	Chr12
190	MS14b04	CCTTAAGAATCATGTGAT	ACTAATGGCACAAAGATTGT	Chr12
191	Hi02b07	TGTGAGCCTCTCCTATTGGG	TGGCAGTCATCTAACCTCCC	Chr12
192	Hi02d05	GAGGGAGAATCGGTGCATAG	CATCCCTCAGACCCTCATTG	Chr12
193	Hi03b03	TGAATTGAGTTTGAGAATGGAATG	GTTTGTCAGGACGGGTAATCAAGG	Chr12
194	Hi07f01	GGAGGGCTTTAGTTGGGAAC	GTTTGAGCTCCACTTCCAACTCC	Chr12
195	CN496913	TGCCTTTGAGAATCGAAATG	TGTTTGTCAATTTCTTGGAACTC	Chr12
196	CH03a08	TTGGTTTGCTAGGAAAAGAAGG	AAGTTTATCGGGCCTACACG	Chr13
197	CH03h03	AAGAAATCGGATCCAAAACAAC	TCCCTCAAAGATTGCTCCTG	Chr13
198	CH05c04	CCTTCGTTATCTTCCTTGCATT	GAGCTTAAGAATAAGAGAAGGGG	Chr13
199	CH05f04	GATGATGGTGCTCTCGGTTATT	TTATGTTGGGTAATGTCTTCCG	Chr13
200	Hi03e04	CTTCACACCGTTTGGACCTC	GTTTCATATCCCACCACCACAGAAG	Chr13
201	Hi04a02	TTCGTGGAAACCTAATTGCAG	GTTTCCTCTGCTTCTTCATCTTTGC	Chr13
202	Hi04f09	ACTGGGTGGCTTGATTTGAG	GTTTCAACTCACACCCTCTACATGC	Chr13
203	Hi04g05	CTGAAACAGGAAACCAATGC	GTTTCGTAGAAGCATCGTTGCAG	Chr13
204	Hi08e06	GCAATGGCGTTCTAGGATTC	GTTTGGCTGCTTGGAGATGTG	Chr13

序号	引物名称	正向引物序列	反向引物序列	染色体位置
205	Hi08f06	CTTAGAGCATAGATGACCTGCAA	GTTTAGAAATCCAACGGCCAAAG	Chr13
206	AU223486	TGACTCCATGGTTTCAGACG	AGCAATTCCTCCTCCTCCTC	Chr13
207	GD147	TCCCGCCATTTCTCTGC	GTTTAAACCGCTGCTGCTGAAC	Chr13
208	NH009b	CCGAGCACTACCATTGA	CGTCTGTTTACCGCTTCT	Chr13
209	CH01e01	GGTTGGAGGGACCAATCATT	CCCACTCTCTGTGCCAGATC	Chr14
210	CH01g05	CATCAGTCTCTTGCACTGGAAA	GACAGAGTAAGCTAGGGCTAGGG	Chr14
211	CH03a02	TTGTGGACGTTCTGTGTTGG	CAAGTTCAACAGCTCAAGATGA	Chr14
212	CH03d08	CATCAGTCTCTTGCACTGGAAA	TAGGGCTAGGGAGAGATGATGA	Chr14
213	CH03g04	ATGTCCAATGTAGACACGCAAC	TTGAAGATGGCCTAACCTTGTT	Chr14
214	CH04c07	GGCCTTCCATGTCTCAGAAG	CCTCATGCCCTCCACTAACA	Chr14
215	CH04f06	GGCTCAGAGTACTTGCAGAGG	ATCCTTAAGCGCTCTCCACA	Chr14
216	CH05d03	TACCTGAAAGAGGAAGCCCT	TCATTCCTTCTCACATCCACT	Chr14
217	CH05e05	TCCTAGCGATAGCTTGTGAGAG	GAAACCACCAAACCGTTACAAT	Chr14
218	CH05g11	GCAAACCAACCTCTGGTGAT	AAACTGTTCCAACGACGCTA	Chr14
219	MS01a05	GGAAGGAACATGCAGACT	TGATGTTTCATCTTTACA	Chr14
220	Hi01c09	AAAGGCGAGGGATAAGAAGC	GTTTGCACATTTGAGCTGTCAAGC	Chr14
221	Hi02d11	GCAATGTTGTGGGTGACAAG	GTTTGCAGAATCAAAACCAAGCAAG	Chr14
222	Hi08c05	TCATATAGCCGACCCCACTTAG	GTTTCACACTCCAAGATTGCATACG	Chr14
223	Hi21e04	TGGAAACCTGTTGTGGGATT	TGCAGAGCGGATGTAAGTTG	Chr14
224	Hi23b12	TGAGCGCAATGACGTTTTAG	GTTTCAGGCTTTCCCTTCAGTGTC	Chr14
225	AJ000761a	CTGGGTGGATGCTTTGACTT	TCAATGACATTAATTCAACTTACAAAA	Chr14
226	AJ000761b	CCCTAAACACACAGCCTCCT	GTTTCAGCATCGCAGAGAACTGAG	Chr14
227	U78948	GATCGTCCGCCACCTTAAT	AGGGTTTTCATCATGCACATT	Chr14
228	CH01d08	CTCCGCCGCTATAACACTTC	TACTCTGGAGGGTATGTCAAAG	Chr15
229	CH02c09	TTATGTACCAACTTTGCTAACCTC	AGAAGCAGCAGAGGAGGATG	Chr15
230	CH02d11	AGCGTCCAGAGCAACAGC	AACAAAAGCAGATCCGTTGC	Chr15
231	CH03b06	GCATCCTTGAATGAGGTTCACT	CCAATCACCAAATCAATGTCAC	Chr15
232	CH03b10	CCCTCCAAAATATCTCCTCCTC	CGTTGTCCTGCTCATCATACTC	Chr15

（续表）

序号	引物名称	正向引物序列	反向引物序列	染色体位置
233	CH04g10	CAAAGATGTGGTGTGAAGAGGA	GGAGGCAAAAAGAGTGAACCT	Chr15
234	Hi01c06	TTAGCCCGTATTTGGACCAG	GTTTCACCTACACACACGCATGG	Chr15
235	Hi02d02	TTCCTAGGCTACCCGAAATATG	GTTTCTGGCATGGACATTCAACC	Chr15
236	Hi02f06	TAAATACGAGTGCCTCGGTG	GCAGTTGAAGCTGGGATTG	Chr15
237	Hi02g06	AGATAGGTTTCACCGTCTCAGC	GACCTCTTTGGTGCGTCTG	Chr15
238	Hi03a06	TGGTGAGAGAAGGTGACAGG	GTTTAAGGCCGGGATTATTAGTCG	Chr15
239	Hi03g06	TGCCAATACTCCCTCATTTACC	GTTTAAACAGAACTGCACCACATCC	Chr15
240	Hi04c05	AGGATGCTCTGCCTGTCTTC	GTTTCTCACTCGCCTGCTCTATCC	Chr15
241	Hi06f09	AACCAAGGAACCCACATCAG	GTTTCACTTACACACGCACACACG	Chr15
242	Hi09f01	CACCACCAAATTCTCCATCTTC	GTTTACCGCCAAATGCTTTGTTAC	Chr15
243	Hi11a01	ACCGCCAAATGCTTTGTTAC	GTTTCCTCCATTAAACTCCTCAGTG	Chr15
244	Hi15c07	TCACTTCCCATCATCACTGC	GTTTCAATGTCGAGGCTGGTAATG	Chr15
245	Z71981	GCACTTACCTTTGTTGGGTCA	CCGGCATTCCAAATGTAACT	Chr15
246	CH02a03	AGAAGTTTTCACGGGGTGCC	TGGAGACATGCAGAATGGAG	Chr16
247	CH02d10a	TGATTTCCTTTTTCGCAAGG	TTCATCGTTCCCTCTCAAAC	Chr16
248	CH04f10	GTAATGGAAATACAGTTTCACAA	TTAAATGCTTGGTGTGTTTTGC	Chr16
249	CH05a04	GAAGCGAATTTTGCACGAAT	GCTTTTGTTTCATTGAATCCCC	Chr16
250	CH05c06	ATTGGAACTCTCCGTATTGTGC	ATCAACAGTAGTGGTAGCCGGT	Chr16
251	CH05e04	AAGGAGAAGACCGTGTGAAATC	CATGGATAAGGCATAGTCAGGA	Chr16
252	Hi01a08	AAGTCCAATCGCACTCACG	CGTAGCTCTCTCCCGATACG	Chr16
253	Hi02b10	TGTCTCAAGAACACAGCTATCACCGCC	GTTTCTTGGAGGCAGTAGTGCAG	Chr16
254	Hi02h08	AACGGCTTCTTGTCAACACC	GTTTGGCTGGGAATATATGATCAGGTG	Chr16
255	Hi04e04	GACCACGAAGCGCTGTTAAG	GTTTCGGTAATTCCTTCCATCTTG	Chr16
256	Hi08d09	ACTCATACCCATCGTATTG	GTTTACTGCATCCCTTACCACCAC	Chr16
257	Hi08f12	GGTTTGTAACCCGTCTCTCG	GTTTCGTAGCTCTCTCCCGATACG	Chr16
258	Hi12a02	GCAAGTCGTAGGGTGAAGCTC	GTTTAGTATGTTCCCTCGGTGACG	Chr16
259	Hi15a13	TTCTCCCCTTCTAAACCAACC	GGTTTCTTGGCGTAACATTG	Chr16
260	Hi15g11	TGACATGCATAGGGTTACATGC	GTTTGGGTTCGTAATCGTTCTTGTG	Chr16

（续表）

序号	引物名称	正向引物序列	反向引物序列	染色体位置
261	Hi22f06	CAATGGCGTCTGTGTCACTC	GTTTACGACGGGTAAGGTGATGTC	Chr16
262	AU301431	TCTTCCTCCTCCTCCTCCTC	TCTTTTTCTTGGGGTCTTGG	Chr16
263	NB102a	TGTTATCACCTGAGCTACTGCC	CTTCCTCTTTATTTGCCGTCTT	Chr16
264	CH01h01	GAAAGACTTGCAGTGGGAGC	GGAGTGGGTTTGAGAAGGTTA	Chr17
265	CH02g04	TTTTACCTTTTTACGTACTTGAGCG	GCTTGGAAAAGGTCACTTGC	Chr17
266	CH04c06	GCTGCTGCTGCTTCTAGGTT	GGCAAAACTCTGCAAGTCC	Chr17
267	CH05g03	GCTTTGAATGGATACAGGAACC	CCTGTCTCATGGCATTGTTG	Chr17
268	Hi02f12	ACATGGCCGAAGACAATGAC	GTTTCAACCTTTATCCCTCCATCTTTC	Chr17
269	Hi03c05	GAAGAGAGAGGCCATGATAC	GTTTAACTGAAACTTCAATCTAGG	Chr17
270	Hi05c06	TGCGTGTATGGTTGGTTTTG	TGTTTTCTTTGGTTTTAGTTGGTG	Chr17
271	Hi07h02	CAAATTGGCAACTGGGTCTG	GTTTAGGTGGAGGTGAAGGGATG	Chr17
272	AF527800	TGGAAAGGGTTGATTGACCT	AACAGCGGGTGGTAAATCTC	Chr17
273	AJ001681	CCTGAGGTTATTGACCCAAAA	CACTCAGTTGGAAAACCCTACA	Chr17
274	AT000174	CGGAGGCCGCTATAATTAGG	CCTGGAAAGAAAGTAAAAGGACA	Chr17
275	AY187627	GAGGACTGAATTGGTTGAGGTC	GTTTCTCACCCGTATATAGGCCAAC	Chr17
276	CH05a09	TGATTTAGACGTCCACTTCACCT	TGATTGGATCATGGTGACTAGG	Chr17
277	BGA35	AGAGGGAGAAAGGCGATT	GCTTCATCACCGTCTGCT	Chr17
278	BGT23b	CACATTCAAAGATTAAGAT	ACTCAGCCTTTTTTTCCCAC	Chr17
279	KA5	CAACAACAACAAAAAACAGTAA	AGCCTTAGAAATAGAAACAACA	Chr17
280	KA14	ATGGCAAGGGATATTATTAG	TCATTGTAGCATTTTTATTTTT	Chr17
281	KA16	GCCAGCGAACTCAAATCT	AACGAGAACGACGAGCG	Chr17
282	KB16	GATTTTGTCCGCAGGT	AAAGAACAGCAAGAACCA	Chr17
283	KU10	AGTATGTGACAACCCCGATGTT	AGAGTCGGTTGGGAAATGATTG	Chr17
284	NB103a	TTGTAGGGAAAATGATGCCA	GTGTTGATACTCTCTCTCTC	Chr17
285	NB105a	AAACAACCGACTGAGCAACATC	AAAATCTTAGCCCAAAATCTCC	Chr17
286	NB106a	GTACGTCGACATGAGAGAG	TCTCTTGTTCCTTCCTGCAC	Chr17
287	NB109a	ATGCTCTATAAAACCCACCTACC	AGAGGGACCATTGTGTTATTGTAT	Chr17
288	NB110a	TGATGATGTGATTTGATGGAGTG	CCATTCCATTGTACGGATT	Chr17

（续表）

序号	引物名称	正向引物序列	反向引物序列	染色体位置
289	NB111a	CCAAGCTGTGATTATAGGAAG	AGGCTGAAAGATTGTAAGGT	Chr17
290	NB113a	ATGAAATATGTCGTGTTGCCCTTAG	CCCTTCCTCAGCATGTTTCCTAGAC	Chr17
291	NH007b	ACCTTGATGGGAACTGAAC	AATAGTAGATTGCAATTACTC	Chr17
292	NH019b	GAGATGGAGTAGTAAAGAAGAAGG	ACGACATAGTGAAAACAGAAG	Chr17
293	NH020a	GGATCAGCCAAGAGGAGGTG	CGAGATGCAGAGGACGACG	Chr17
294	NH021a	ATCTCAATTTTCTCGGTAACCA	CTGATATCTCTCTGCACTCCCT	Chr17
295	NH022a	CATGAAGTGCGTAGAAGTTGGTGT	CCCAATAATGATAAGTTCCCAAAG	Chr17
296	NH023a	GATGCTAGAAGGAAGGAATGATGG	CTTTTCAACCCCTTCACCTTCTC	Chr17
297	NH024b	ACCAAAAGTAGAGAGAGAGA	CCCAACCAGACTAAAAGAGA	Chr17
298	NH025a	CTGGACACAAACATTCAAGAGGG	CACACCAGAAACTCCAAAACAGG	Chr17
299	NH027a	TAATGTGTTGGGGAGAGAGAG	GCTCTTGTTCCTTGCTCCTAA	Chr17
300	NH030a	GCAACAGATAGGAGCAAAGAGGC	TCCAAAGTTCAA	Chr17

附录五　5 个候选基因编码的氨基酸序列

1. 基因 *MDP0000686092* 编码的氨基酸序列

MSDDKMAHDIEXQLDNLSGLSPERCIYRVPERLRQVNEKAYTPQVV
XVGPLHHGNGPLKAMEEHKLRYLKHFLSKTKVKLSDCLQKIQEQXKELR
GFYAEPIXFDKGEFVRIVSVDAAFVIDLLLRFEVVNYREDEDDYIFSKPTM
KSDVIRDLQLLENQLPFFILQDLFKLIPPQLQLQLPSLLEISYNFFQSXIDSE
VKXEKFNKISSSGVEVKHFVDLIRILYLPLEPKXKPKTTATPKTRDXPNVT
ELHQAGAKFKVGKGSSLFDIKFSCGILKIXKLRVDDTTDLKLRNLLAFEQC
HHRKEEEDXLANYVFLMKRLAKTREDVQLLVEKGIIENWLGDTQKISNLL
HDLGTGMIVDDWYYAPHXEKLIEYRXVLCRGWMVILKQKYFNTPWSTIS
VAAAVILLILTLIQTACSYKSVPLL *

2. 基因 *MDP0000205432* 编码的氨基酸序列

MAIEGRFNWSRTSHSFSALCKNRKAATLSRRNLRRESPPQPCKKTGI
KSVGLKPTWSFSLLASCCCWTIGRAMRGLEETTCRWRRGGRKMKRKDY
EELDDDFFSPSSKSRRLDAGLFATLNEDQSSAAQVFDEKPAPETSVVMQT
DDLPTDPLPSGDEXALVLYNPTNTRIFKAPDSQDFSVIVNSDLIPGLREDX
GSDEENKEVSNRCMAVVPWVAPNFPPASRDETQAASQSESMEVEMMDT
DDNGYNGAEASGFGGTMMEGPGGIQYWQQQQLRWMEPQLFQNNITPVT

3. 基因 *MDP0000120033* 编码的氨基酸序列

KNNWRVELSHNSRGGGGGRGGGGRGRSGGSDLKCYECGEPGHFAR
ECRLRGGGGGGGGGGRRRSRTPPRYRRSPSYGRRSYSPRGRSPRRRSLT
PRGNSRSRSPPYRGREELPYANGMTFHLIHAMMQWSEGSPPKQELRSAY
MATWRCFRRYTGIKCCLVCLDISTTMFKLGDALSLYCLSDLVKFLPFLTLA
GFIYLCKIGVGIRILKVSSASSASLVLFFCTPLAPGIFVLHYCPALGSSILNGC
RSQPARASILCFCTLPGISSLPCYWDLQFXIVVDPSLLSAELLFSLNFVGSN
APPSNYYSXICLIEQWVTPRMFLFYRSWRFGSDNRFSDPTPIFLPLIFNWIQ
KYRNKFGSKGNLDHTETLTPCFVVG

4. 基因 *MDP0000864010* 编码的氨基酸序列

MESEGTPYAPKSILITGAAGFIGSHVTNRLIKNYPSYKIVALDKIDYCS
SFKNLRPCRSSPNFKFVKGDIACADLINHLLIADEIDTIMHFAAQTHVDNSF
GNSFEFTNNNVYGTHVLLEACKVTQRVKRFIHVSTDEVYGETDMETNIGN
PEASQLLPTNPYSATKAGAEMLVMAYHRSYGLPTITTRSNNVYGPHQYP
EKLIPKFSLLAMKGEKLPIHGNGSNVRSYLYCDDVAEAFDVILHKGVIGH
VYNIGTKKERSVLNVAEDICKMIGLNSKEAITFVQDRPFNDQRYFLDDQK
LKRLGWDVRTSWEEGLKLTTEWYTKHADWWGDVSAALHPHPSFAVISR
PNDDSWFFEYGFTRLSRTCNEGSNSSELKFLIYGRTGWIGGLLGKLCKGEG
IXFEYGKGRLEDRKSLLEDITRVQPTHVFNAAGVTGRPNVDWCEXHKAQ
TIRTNVAGTLNLADVCKDQGLLMMNFATGCIFEYDKEHPLGSGIGFKEED
NPNFTGSFYSKTKAMVEELLKEYDKVCTLRVRMPISSDLSNPRNFITKIAR
XDKVVNIPNSMTVLDELLPISIEMARRNCRGIWNFTNPGVISHNEILEMYR
DYIDPKLKWQNFDLEEQAKVIVAPRSNNELDASKLKKEFPELLSIKDSIIK
YVFEPIKKT *

5. 基因 *MDP0000945764* 编码的氨基酸序列

MDVLVGPTFSLDVSSYGPAPTQDNRNRGGLYLNQDRGAAVAEEASS
DSSSSIGVPDDSEEEEDSKGDNGDEVQSKFNGGGGGGLGSLGSFGSLEDSL
PIKRGLSNYFSGKSKSFASLSEVSSTVSSVKEVEKQDNPFNKRRRVLIASK
WSRRSSSSSSLYNWPNPKSMPLLALAEDGDEDDDEHDRDREGEGENASS
EQSSSDEKEDQERRRXPQKLLDRRLKSFKSKSCYCLSDLQEHDEQ *

附表 2 SNP、InDel 引物设计

引物名称	正向引物序列	反向引物序列
SNP4970	R：TGGACAAACAGGAAGCACG	F：CAGCGACAGTGGCGACAA
SNP4236	R：GCTTATCATAAAAAGCAAGACCAC	F：ATCATATAATTGTGTAATTTAGTAGAACA
SNP4257	R：GGAGTCATAAGCCACAACGAG	F：TCAGCTTTGAAGCATCCAATT
SNP4336	R：AGTTCGTTCTTTTCCGTTGCT	F：GCGGTCCTGATTCAGGTACAG
SNP3955	R：CCCTTAAAAGCCATGGAAGAG	F：GTTCTGCATAAAAACCTCGCA
SNP4094	R：GGGTTTTGTGAGGAGGAGGAG	F：CGAAGATTGCGACGGGATAG
SNP3969	R：CTCGTTAGGCCAAGACAAGC	F：TTCAAAGAGTAGGTAGGAAGGGT

（续表）

引物名称	正向引物序列	反向引物序列
SNP4137	R：GCACGAGTATGATGTTGCTAATG	F：CCATCTTATGTCCCCAATTTGTAG
SNP42992	R：GGTTATACATAGAGGCACTTAGAGC	F：GCACAAAACTTAGATCAAAGATGAG
SNP42994	R：TCAACTCATGTGCAGGAATTGG	F：GCTGTGACATAAACCAGGTGAGA
SNP4376	R：GTTTGCTGAGAAATTGATTGGA	F：CCATTTCTCCTGGGGCATAG
SNP4390	R：AGGGCTTGGCTCACAATACTC	F：TCAGGTCACAGTTGTTTTGGC
SNP4432	R：CGAGGAGCAAACGATAGTCAG	F：ATTGGTCTCCGAATTAGAAGTCC
SNP4782	R：GGAGAGCGATTTATTCTACCCTAC	F：AGACGAAGAAAGCAACGAAAGA
SNP4842	R：GGTCAAAATTGTCCTAGCCTATTTC	F：TCCCTCATTTCCTCTTTTTACCTAC
SNP4878	R：GAAGCAGCAGTGCAGGATGAG	F：CCATAGCCCTTTGCTCTATTTGT
SNP4903	R：CTAGGCAAATTTAGGTAAATTTCTTA	F：GACAGGTTATCAGTTTATAGCATCAAG
SNP4960	R：TGAGGCTATCACATTTCCAACG	F：GGTTAGATGCAGCCCGATTT
indel4199	R：ATTGTGAAACCTTGATTGGG	F：GAGATTATCCTTATTTTGTGGG
indel4209	R：ATGGAACGTAAGAACAAGGA	F：TTGCTGAGAAGAGTACAAGTG
indel4225	R：AGGCGCGGTGTTGTCTAA	F：CCTCAGGTGCAATAATCATCA
indel4227	R：AGCGTTGCTATGCTTCTAATG	F：AAGATGGAAATGGTATGTGAT
indel4229	R：AACAGAAACATTCGAGGCGTA	F：TCCTTGAACTTCGTCGGTAGC
indel4235	R：GTGTGAAAGCTCAACTCTCC	F：CAGCCTTCTCATCGGGTAG
indel4246	R：GGTAGCACATGCATACTGACA	F：CGTTTTGGTAACTAAATCTCC
indel4247	R：ATGAATGTTTCGCCGAGC	F：GTTCAACCATTTTATTGGATTTT
indel4254	R：ATAAAGTCACTTCTAGCACAAATA	F：CGAAAAACGCTTTACTTAGG
indel4268	R：TCCACAGAAAACAACTAAAAA	F：GTTTGCCAATGGGAATG
indel42686	R：GGCATGAATAGTTTCCACAGA	F：TTTGCCAATGGGAATGTTT
indel4273	R：GAATGTAAGCCATGCCCTCT	F：TTCCTACCATTTGTTGCCTC
indel4273a	R：AATGAAGAGGCAACAAATGG	F：TTTTTTATCAAATCCAAATGTG
indel4273b	R：GTGGTTAAAGGGATTATGTCT	F：TGCGAATAGGATTGAGGT
indel4274	R：TTGAGGGAATGAAATATGCTA	F：TTGTTTATCGAATTGGGTTT
indel4305	R：GTAAACTCATTAAATTATGCTTG	F：TGCTTTACTCCGATTCTTC
indel4305a	R：GTTACTTGGGCTTCCAGACA	F：CCCCCAGAGAAATAGAGAGTT
indel4307	R：AGAAATCCGATCCTTACCAC	F：TGTTATCCCGTGGGTCTT
indel4311	R：AAACTGATAAACTTGGAGATTG	F：GACGCCTACCGAACTACA
indel4334	R：ATACTATGAGGTGAAGGATTTAA	F：GTATCTTCTACATTATCTTTCGTG
indel4336	R：CTCGTCGTCTATCGGTGTT	F：GGGGTTTACTTGATTGGGA

（续表）

引物名称	正向引物序列	反向引物序列
indel4341	R：AGTCGGAAAATTCATTCATAT	F：GAGCTTACAGTTTTTGGTTTT
indel4346	R：GTTCACGGGATTAAGTCATG	F：CAACGGCAAAAAATTATTATA
indel4348	R：GCTTATGCTCAGGGTCGT	F：TTTTGATTTAAGTTATTATTTTCCA
indel4349	R：CAATCCATTTCAATTTTTCTG	F：TTATTTTACCCCTACCCCAT
indel4362	R：TTGAGGTTCGTTTTGGTAT	F：TTCAATTTTATCTCTTGGTCC
indel4362a	R：ACAAGTTAACAGATTTTCAAAGT	F：GCTTGTAATTTGTTTTTTATGAA
indel4371	R：TTATTGTGTTTCTGTGCGTAC	F：CCAAATTATCGTTCACTGCT
ndel4372	R：TTTGAAAACACCCTTGAATG	F：TGGTTCCTGAGTGGGTAAAG
indel4374	R：TCAGTGACTTCGGCGTATT	F：AGTTCAATCAATCTCCCAAA

附图1-1　安徽砀山金冠苹果的受害症状

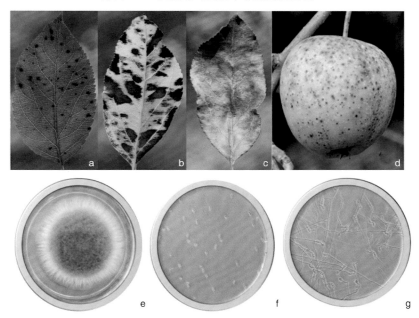

a.为初期症状：黑色坏死病斑，病斑边缘模糊；b.当环境条件不适宜病菌侵染时，病斑停止扩展，在叶片上形成大小不等的枯死斑，叶片呈现花叶状；c.叶片变黑坏死。在高温高湿条件下，仅1~2 d。发病叶片失水后呈焦枯状，随后脱落；d.病原菌侵染果实时，为红褐色小点；e.PDA培养基上的菌落；f.分生孢子；g.附着胞

附图1-2　苹果叶片、果实受害状况及叶枯炭疽菌的形态特征

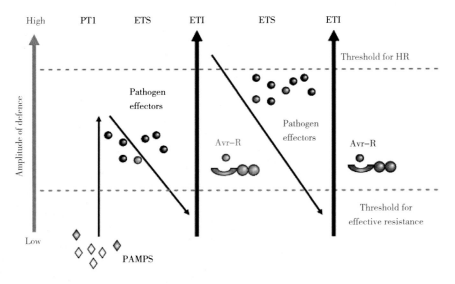

附图1-3　植物免疫系统"之"字形模型

植物的最终抗性表现取决于［PTI-ETS+ETI］。第一阶段，植物通过模式识别受体（PPRs）识别病原相关的分子模式（MAMPs/PAMPs）启动PTI；第二个阶段，成功侵染的病原利用其效应子抑制植物的PTI，从而诱发植物敏感性ETS；第三阶段，植物通过NB-LRR蛋白识别病原效应子，启动ETI；第四个阶段，病原小种在选择进化中失去其原有的效应子，发展出新的效应子抑制ETI反应（Jones et al，2006）

附图2-1　室内接种4 d后对炭疽菌叶枯病的抗性表现

左图为树干上嫁接富士（B）的嘎拉（A）；右图为树干上部嫁接富士（B）的秦冠（C）

附图2-2　不同苹果品种对炭疽菌叶枯病抗性的田间表现

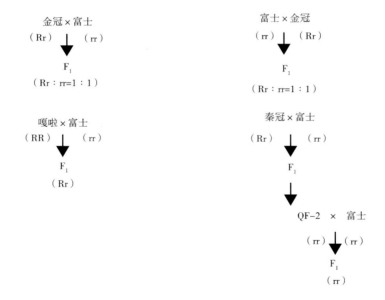

附图2-3　亲本和杂交F₁单株的基因型推测

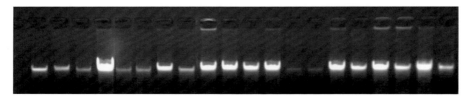

附图3-1　部分供试苹果材料基因组DNA

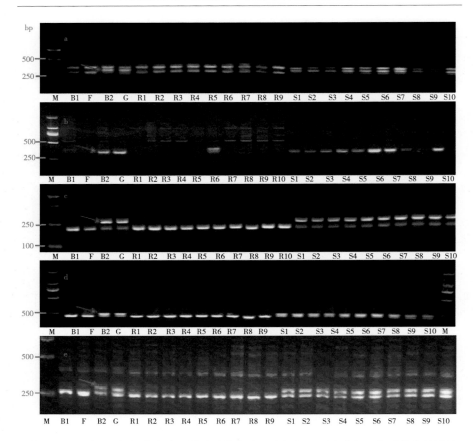

附图3-2　5对SSR标记在亲本、抗感池及部分'金冠'×'富士'F₁代群体中扩增结
果的琼脂糖凝胶电泳图（3.5%）

M：DL2000 Marker；B1：抗病池；F：富士；B2：感病池；G：金冠；
R1-R10：抗病单株；S1-S10：感病单株。a：S0304673，b：S0405127，
c：S0506078，d：S0506206，e：S0607001.箭头所示为特异扩增带

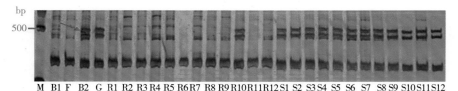

附图3-3　SSR标记S0506001在亲本、抗感池及部分'金冠'×'富士'F₁代群体
中扩增结果的聚丙烯酰胺凝胶电泳图（6%）

M：DL2000 Marker；B1：抗病池；F：富士；B2：感病池；G：金冠；
R1-R12：抗病单株；S1-S12：感病单株。箭头所示为特异扩增带

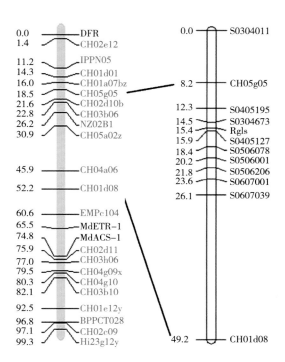

Fiesta × Totem-15

附图3-4　抗炭疽菌叶枯病基因连锁图谱与Fiesta×Totem-15连锁图谱的比对
遗传距离列在图谱左侧，用cM表示

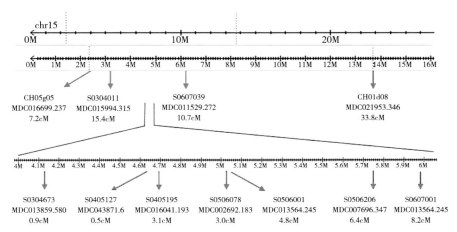

附图3-5　炭疽菌叶枯病基因位点被首次定位于苹果基因组第15条染色体上，
跨度为4.1～4.6 Mb

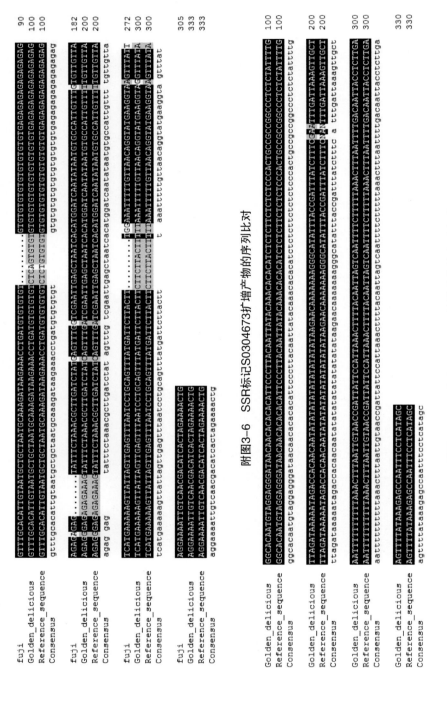

附图3-6　SSR标记S0304673扩增产物的序列比对

附图3-7　SSR标记S0405127扩增产物的序列比对

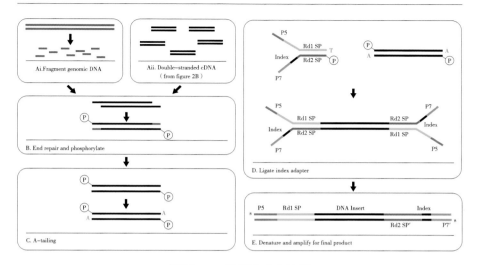

附图4-1 重测序建库流程

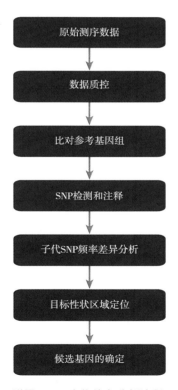

附图4-2 生物信息分析流程

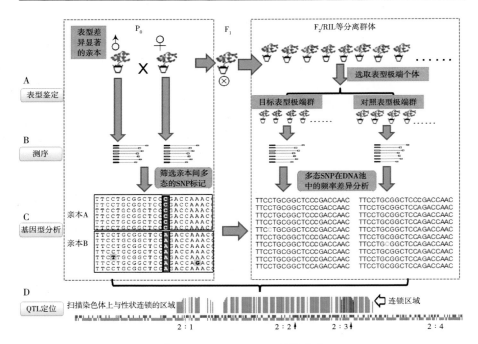

附图4-3　SNP-index 计算方法

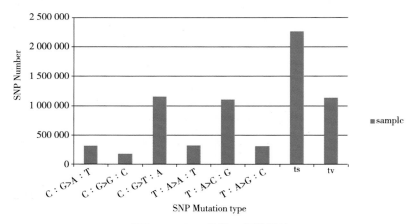

附图4-4　SNP转换、颠换统计

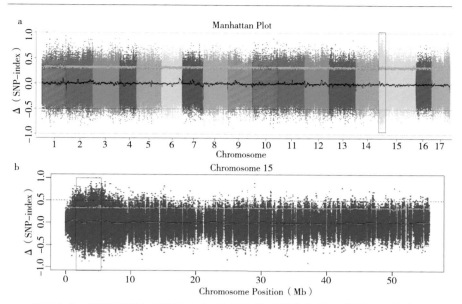

附图4-5 两个子代池△SNP-index在染色体上的分布及 **R_{gls}** 基因区域的确定

横轴：染色体长度（Mb）；纵轴：△SNP-index；红色方框表示△SNP-index
显著的大于阈值的区域

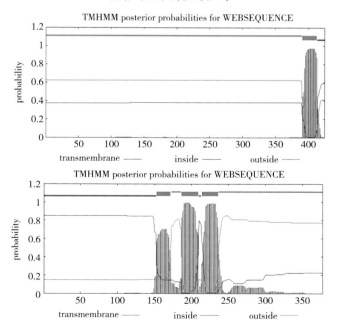

附图4-6 基因 *MDP0000686092* （左图）和 *MDP0000120033* （右图）
编码蛋白的跨膜结构域

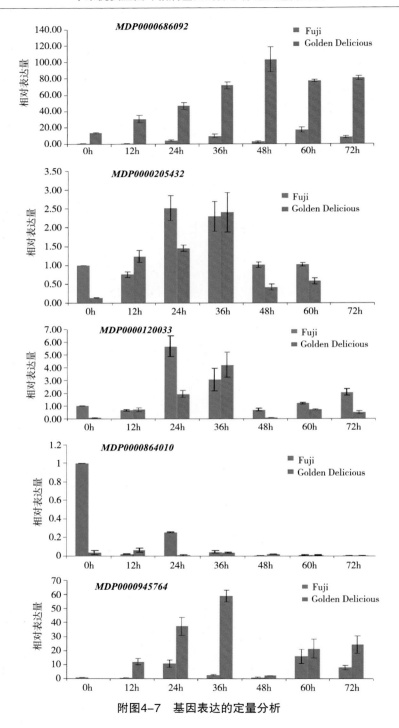

附图4-7 基因表达的定量分析